Körpersprache Hund

Was Hunde uns schon immer mal sagen wollten

Autorin
Fabienne Fuchs

ISBN: 9798542505664

Inhalt

Körpersprache Hund, erkennen und verstehen

Der Hund im Allgemeinen liegt nicht nur da, wedelt mit dem Schwanz, wenn er sich freut, fletscht die Zähne, wenn ihm etwas nicht gefällt, muss Gassi gehen oder frisst einem die Haare vom Kopf. Ein jeder Hund hat eine eigene Körpersprache, mit der er Kontakt zu seinen Mitmenschen oder anderen Tieren aufnehmen kann. Immer wieder kommt es jedoch zwischen Menschen und Tier zu Missverständnissen, weil wir unseren Liebling nicht verstehen. „Der möchte doch nur spielen", so ist oftmals die Aussage von dem ein oder anderen Besitzer.

Hunde lieben es zu spielen, unbeschwert in der Natur herumzutollen, doch es gibt auch Momente, wo es Hunden einfach zu viel wird, wo sie Angst haben oder selbst diese Momente, wo ein Hund getröstet werden möchte. Die Anzeichen sollten Hundebesitzer erkennen und verstehen können, damit es zu einem entspannten Miteinander in der Mensch-Hund-Beziehung kommen kann.

Gestik und Mimik beim Hund verstehen

Um mit ihren Artgenossen kommunizieren zu können, geben Hunde ganzen Körpereinsatz. Sie geben uns zu verstehen, wann sie entspannt, wann sie glücklich sind und wann sie Unbehagen fühlen oder Angst. Die kleinsten Nuancen in der Mimik sowie der Haltung drücken verschiedene Gefühle beim Hund aus. Das Repertoire der Lautäußerungen bei Hunden ist immens. Sie jaulen, bellen, winseln oder knurren. Mit der Stimme verständigen sie sich jedoch nur zur Hälfte. Überwiegend verständigen sie sich mit ihrer Mimik, das heißt, mit ihrem Gesichtsausdruck sowie ihrer Gestik. Da Hunde nun mal keine Hände zur Verfügung haben nehmen sie zum „Gestikulieren" ihre Rute und ihre Ohren. Die allgemeine Körperhaltung des Hundes ist die dritte Komponente. Die Laute weisen erst gemeinsam mit Körper auf die wahre Bedeutung hin.

Die Ebenen der Körpersprache beim Verhalten der Hunde

Der Hund, egal, um welche Rasse es sich handeln mag, verfügt über zahlreiche unterschiedliche Ebenen in der Körpersprache und er weiß ganz genau, wann er welche Ebene einzusetzen hat. Schnell hat der Hund herausgefunden, wenn er sein Ziel erreichen möchte, wie er vorgehen muss, ähnlich, wie dies bei Kindern der Fall ist. Ein süßer Blick, das Kuschelverhalten oder ein Zurückweichen, das Herrchen oder Frauchen versteht die Körpersprache schnell.

Stellt sich das Jaulen, Bellen und Heulen beim Hund als nützlich heraus, so weiß der Hund genau, wann und wie er es anwenden muss. Ein Suchhund beispielsweise ist so in der Lage, bei einem seiner Funde, seinen Führer zu rufen. Auch die Hundemeute untereinander hält über die Laute Kontakt miteinander.

Zu den optischen Signalen gehören die Haltung sowie die Bewegung der Rute des Hundes und die Stellung der Ohren. Diese lassen sich auch deuten, wenn dieser von seinem Gegenüber weiter entfernt ist. Eine Rute, die wedelt, sagt etwas anderes aus als eine Rute, die der Hund starr aufrecht hält. Die Lefzen sowie die Augen sind dominant beim eigentlichen Ausdruck des Gesichts, betrachtet aus der Nähe, vermitteln sie differenzierte Botschaften.

Die Spannung des Hundes und seine Körperhaltung unterstreichen mit den anderen Ausdrucksweisen, wie der Hund gerade drauf ist. Ist er eher ein selbstbewusster oder ein defensiver Hund. Ist er eher nervös oder eher entspannt. Die Ausdrucksformen ohne Lautgebung treten immer in Kombination miteinander auf. Die Lautäußerungen sind optional. Hunde vermitteln auch über Duftstoffe Informationen untereinander. Die Verständigung, die zwischen den Tieren erfolgt, weist somit zudem eine olfaktorische Komponente auf.

Angefangen bei der Rutenspitze bis zur Schnauze hin, zeigen sich die folgenden typischen Signale, die zum Einsatz kommen. Wendet der Hund seinen Blick ab, signalisiert er damit seine Friedfertigkeit. Für Selbstsicherheit steht ein direkter Blickkontakt und je nachdem wie der Kontext aussieht, kann es auch auf eine Konfrontation hinweisen. Der Hund kann seinen Kopf aufmerksam heben sowie gesenkt halten. Steht er „fragend" geneigt zur Seite, zeigt das seine Verunsicherung und das er die aktuelle Situation sondiert.

Starre Pupillen, die zusammengezogen sind und dazu ein fixierender Blick, deuten darauf hin, dass sich der Hund bedroht fühlt. Sind die Augen entspannt und freundlich und die Pupillen sind groß und der Ausdruck ist insgesamt sanft, drückt dies genau das aus. Der Ausdruck wird verstärkt durch die Haltung der Augenbrauen.

Das Spiel der Ohren ist je nach Rasse nicht ganz so leicht zu deuten. Hat ein Hund ausgeprägte Hängeohren wie ein Basset zum Beispiel, kann er seine Ohren nicht in der Form spitzen, wie es der Schäferhund beispielsweise kann. Dann muss man etwas genauer hinschauen, was einem der Hund mit seinen Ohren sagen möchte. Sind die Ohren nach vorne gerichtet, ist das ein Zeichen von Sicherheit sowie Aufmerksamkeit. Liegen sie flach nach hinten und sind angelegt, bedeutet dies der Hund hat Angst oder unterwirft sich.

Ist der Hund aggressiv oder erregt, stellt sich das Rückenfell auf. Dieser optische Effekt lässt den Hund größer wirken und er sieht wuchtiger aus. Ist seine „Bürste" aufgestellt, zeigt der Hund, dass er verärgert ist oder eine ganz klare Drohung. Ist der Hund einem freundlich gesinnt, schwingt seine Rute gelassen. Je nachdem, wie schnell sie wedelt, kann es aber auch ein Zeichen für Aufregung sein oder in einem bestimmten Kontext auch Aggressionsverhalten. Eine starr aufgestellte Rute oder eine zitternde Route bedeutet, der Hund ist aufmerksam oder verärgert. Eine zwischen den Hinterbeinen eingeklemmte Route gibt an, dass der Hund Angst hat. Bei Hunderassen mit einer kurzen Rute kann dies zu Kommunikationsproblemen führen. Das ganze Hinterteil wackelt bei diesen Hunderassen.

Eine Rolle spielt die „Veränderung" bei der allgemeinen Körperhaltung des Tieres. Plustert der Hund sich auf und macht sich groß, zeigt er damit sein Selbstbewusstsein und möchte sein Gegenüber eventuell beeindrucken. Möchte ein Hund kleiner wirken, als er ist, wenn er sich beispielsweise hinkauert, oder er knickt seine Hinterbeine ein, bedeutet dies, er ist unsicher und ängstlich. Sofern er sich auf den Rücken legt und dabei seinen freigelegten Bauch zeigt, ist dies eine Geste der Unterwerfung. Senkt er seinen Vorderkörper und sein Hinterteil und ist in die Höhe gestreckt, zeigt dies, wenn es von Schwanzwedeln begleitet wird, das er zum Spielen auffordern möchte.

Veränderung der Körpergröße vom Welpen zum ausgewachsenen Hund

Selbstverständlich verändert sich ein Welpe, bis er zum ausgewachsenen Hund heranwächst. Zu Anfang ist er recht unbeholfen, vielleicht sogar ein bisschen tollpatschig und über die Monate hinweg versteht er, wie er besser durchs Leben kommt. Er zeigt mit seiner Körpersprache, was ihn gerade beschäftigt, ob er Hunger hat, spielen oder einfach nur in Ruhe gelassen werden möchte. Gerade das Herrchen, welches die ersten Monate mit seinem Hund zusammengewachsen ist, versteht ihn mittels seiner Körpersprache wahrscheinlich sogar besser als jede andere Person.

Der Welpe

Die ersten Jahre sind diejenigen, in denen der Welpe viele Veränderungen erlebt. Seine Körpergröße und auch sein Verhalten ändern sich stark. Enorm ist der Unterschied des Wachstums bei kleinen und auch großen Hunderassen. Je nach Rasse, seinem Geschlecht und seinen Eltern wächst der Hund in einem unterschiedlichen Tempo. Eine wichtige Zeit für den Welpen sind die ersten 14 Tage. Es muss sichergestellt sein, dass er gesund ist und eine gesunde Entwicklung erlebt. Ein Welpe muss gerade in den ersten 48 Stunden immens umsorgt werden. Er braucht ausreichend Wärme sowie Nahrung. Zur Nahrung gehört das Kolostrum. Dies bekommt der Welpe mit der Muttermilch. Es unterstützt die natürlichen Abwehrkräfte. Das Gewicht verdoppelt sich zwischen dem neunten und dem dreizehnten Tag.

Der erste Lebensmonat

Die ersten Zähne blitzen hervor, noch schwach ist jedoch die Festigkeit des Kiefers und der Zähne. Das Gewicht vervierfacht sich zwischen dem 25. und dem 30. Tag. Die ersten Haare fangen an auszufallen. Ersetzt werden diese durch ein „echtes" Fell. Die Phase des Wachstumsschub steht noch bevor. Wichtig ist der Beginn mit einem Entwöhnungsfutter, das ernährungspsychologisch geeignet ist. Eine „Immunitätslücke" haben alle Hunde in der Zeit von vier bis zu 12 Wochen, egal welcher Rasse sie angehören. Sie sind zu dieser Zeit anfällig, was Krankheiten betrifft. Sie bekommen keine Muttermilch mehr, welche für die Unterstützung der natürlichen Abwehrkräfte sorgt. Der Körper kann aber noch keine eigene Immunität, die belastbar ist, aufbauen.

Der Welpe in der Zeit von drei bis vier Monaten

Der Welpe wächst in den ersten vier Monaten sehr schnell, dabei spielt es keine Rolle, ob er einer kleinen oder einer großen Hunderasse angehört. Große Hunderassen haben, wenn sie fünf Monate alt sind, ihre Skelettstruktur entwickelt. Der Nährstoffbedarf ist zu der Zeit doppelt so hoch wie der eines ausgewachsenen Hundes. Ihre intensivste Wachstumsphase haben die kleinen Hunderassen genau in diesem Zeitraum. Es ist nicht mehr nötig, das Futter einzuweichen. Jetzt sind größere Kroketten angesagt. Diese helfen ihnen beim Kauen und um eine gesunde Zahnhygiene zu entwickeln.

Der achte bis zehnte Monat

Kleinere Hunderassen lassen beim Wachstum allmählich nach und sie erreichen ihr Erwachsenengewicht. Die größeren Hunderassen jedoch wachsen fleißig weiter. Signifikant ist der Unterschied im Hinblick auf die Größe und das Tempo des Wachstums. Schnell wachsen kleine

Hunderassen auf das 20-Fache des Gewichtes, das sie bei der Geburt hatten, an. Die großen Hunderassen hingegen wachsen auf das 100-Fache, dies allerdings langsamer. Hauptsächlich das Skelett sowie die Organe wachsen in den Monaten bei den großen Hunderassen.

18 bis 24 Monate

Bei den großen Hunderassen vollenden die Welpen ihre Reife im Alter zwischen 18 und 24 Monaten. Das Wachstum endet in dieser Phase. Der Hund erhält die Muskulatur, die ein ausgewachsener Hund haben muss. Wahrscheinlich wird er schwerer und breiter und allmählich die Form eines „erwachsenen" Hundes annehmen, das bedeutet, die Pfoten sowie die Gliedmaßen sind gut proportioniert.

Was sagt die Kopfhaltung über einen Hund aus?

Oft neigen Hunde ihren Kopf, wenn sie angesprochen werden. Warum sie das tun, konnte noch nicht vollständig geklärt werden, einige Ansätze gibt es aber schon. Stanley Coren, der sich mit dem Thema befasst hat, hat verschiedene Theorien. Es gibt Menschen, die glauben, ein Hund mache dies immer, wenn der Mensch mit ihm spricht, damit er mit einem Ohr die Worte besser verstehen kann. Andere wiederum sind der Meinung, es handele sich dabei um ein soziales Signal. Es wäre möglich, dass der Hund wahrnimmt, dass die Menschen auf diese spezielle Haltung positiv reagieren, da es eine so niedliche Haltung ist. Der Hund neigt den Kopf zur Seite, weil er so eher eine Belohnung oder ein Lächeln erhält.

Stanley Coren hingegen ist der Meinung, es geht nicht um das Hören, sondern vielmehr um das Sehen, weshalb der Hund den Kopf zur Seite neigt. Mithilfe eines einfachen Experiments kann dies ausprobiert werden. Die Experten sagen man, solle sich vor seine eigene Nase die Faust halten. Der Mensch kann erfahren, was der Hund beim Fokussieren des Gesichts der Person sehen kann und was er nicht sehen kann. Es zeigt sich, dass gerade der untere Kopfteil von der Faust verdeckt ist. Laut Coren ist jedoch der Abschnitt des Gesichts besonders wichtig. In diesem Gesichtsteil liegt die Mundpartie. Was die menschlichen Gefühlsausdrücke betrifft, ist dieser Teil ein wichtiger Bestandteil.

Hunde betrachten das Gesicht des Menschen ständig, um so nach Informationen zu suchen. So sind sie in der Lage, den emotionalen Zustand eines Menschen abzulesen. Wahrscheinlich neigt ein Hund seinen Kopf deswegen, wenn wir mit ihm sprechen. Er möchte unser Gesicht besser sehen können. Sie gleichen so den Teil der Schnauze aus, der die Sicht verdeckt.

Ein weiterer Grund könnte sein, dass der Hund seine Empathie damit ausdrückt. Er zeigt sein Interesse an dem, was der Mensch sagt oder tut. Der Hund kann einen Teil der Sprache so besser verstehen. Legt er seinen Kopf schief, lauscht er den Worten, die ihm geläufig sind und vom Menschen assoziiert werden mit Aktivitäten, die Spaß machen. Ein weiterer Grund ist, der Hund kann so besser einen akustischen Reiz orten. Zwar ist das Gehör des Hundes besser als das des Menschen und höhere Frequenzen kann er besser wahrnehmen, im Gegensatz zum Menschen. Doch herauszufinden, woher das Geräusch kommt das kann er nicht so gut, wie der Mensch. Neigt er ein wenig den Kopf zur Seite, richtet er seine Ohren so besser aus. Dadurch kann er besser hören, woher das Geräusch kommt.

Was ist der „böse Blick" beim Hund?

Ein großes Repertoire an Gesten hat der Hund zur Verfügung, um sich unterhalten zu können. Die Mimik ist neben der Gestik hinsichtlich der Kommunikation von Hunden untereinander sehr wichtig. Sie setzen diese ein um ihre Gefühle, wie Angst, Zuneigung oder Hunger auszudrücken. Die Mimik des Hundes besteht in erster Linie aus feinen Bewegungen vom Gesicht. Aufgrund der Fellzeichnung und Fellstruktur werden diese verstärkt. Der Blick ist hinsichtlich der mimischen Ausdrucksweise der wichtigste Teil. Starrt der Hund mit verengten Pupillen geradeaus, ist dies eine Drohung. Ist der Blick liebevoll, sind die Pupillen erweitert und das Hundegesicht entspannt sich.

Fixiert er sein Gegenüber, zeigt er damit seine Dominanz. Schaut ein Besitzer seinem Hund in die Augen und der Hund erwidert den Blick, sollte der Hund nach ein paar Sekunden den Blick abwenden. Das zeigt, dass er seinen Besitzer akzeptiert. Starrt er allerdings weiter seinen Besitzer an, hat er diesen noch nicht als seinen Chef akzeptiert. Es kann sogar sein, dass der Hund glaubt, sein Rang wäre höher als der des Menschen. Provoziert werden sollte der Hund bei dem Test aber nicht.

Was bedeutet die „lautlose Schnauze"?

Zur Übermittlung von Informationen nutzt der Hund seine Mundwinkel, seine Augenbrauen und seine Zähne. Wenn der Hund unterwürfig und unsicher ist, zieht er seine Mundwinkel nach hinten. Wird die Unsicherheit mit der Drohung kombiniert, zieht der Hund die Mundwinkel nach hinten und zeigt seine Zähne. Stehen die Mundwinkel nach vorne und der Hund zieht die Lippen ein wenig nach oben sind die Eckzähne zu sehen. Das zeigt, der Hund ist unsicher. Der Hund kann auch nur die vorderen Zähne zeigen, um zu drohen oder eine Beißattacke anzukündigen. Er hebt dazu seine Oberlippe an. Oftmals schmatzt der Hund dabei auch. Er schiebt dazu ein kleines Stück seiner Zunge heraus. Ganz steif macht sich der Hund dabei und mit dem Blick wird das Gegenüber fixiert. Der Kopf wird nicht für eine Sekunde abgewendet. Der Kopf, der Rücken und die Rute bilden dabei eine Linie. Sie ist direkt ausgerichtet auf das Gegenüber. Mit seinem ganzen Körper, seinen Ohren und seinen Augen richtet er sich nach dem vermeintlichen „Feind" aus. Droht der Hund eher defensiv, sind beide Zahnreihen freigelegt. Er zeigt alle Waffen, die er hat. Anders als beim offensiven Drohen wendet er seinen Blick immer mal wieder ab. Die Rute hält er etwas unterhalb seines Ansatzes. Der Körperschwerpunkt wird eher nach hinten verlagert. Er ist vom „Feind" weg gerichtet. Eventuell duckt er seinen Körper auch ein wenig. Meist wird dieses Drohen begleitet von einem bellen oder knurren. Der Hund zeigt damit eher seine Angst seinem Gegenüber.

Egal, um welchen Grund es sich bei der Drohgebärde handelt, ob es sich um offensives oder defensives Drohen handelt. Mit aller Deutlichkeit gibt der Hund zu verstehen, „Geh weg, oder ich beiße". Bei einem solchen Drohverhalten, ist es wichtig zu deeskalieren, beispielsweise durch eine Vergrößerung der Distanz und das Abwenden des Blicks. Das ist die einzige Reaktion, die in einem solchen Moment Sinn macht.

Die starre Mimik bei einem Hund

Je nachdem wie das Licht auf die Augen des Hundes fällt, verändert sich die Größe der Pupillen. Große Pupillen sind auch ein Zeichen, dass der Hund erregt ist oder unter Stress steht. Bekommt ein Hund Panik, sind seine Pupillen ebenfalls geweitet. Die Rute klemmt zudem zwischen den Beinen, die Ohren sind angelegt. Seine Hinterbeine knickt er ein und er zittert am ganzen Körper.

Ein Hund, der einem anderen Lebewesen drohen möchte, bei diesem sind seine Pupillen klein. Aufgrund der angespannten Lider wirken die Augen insgesamt auch kleiner. Das Gegenüber soll durch den starren Blick eingeschüchtert werden. Der Hund runzelt dabei meistens noch seinen Nasenrücken. Der ganze Körper ist angespannt. Steif nach oben zeigt die Rute. Entlang des Rückgrates kann sich sein Fell aufstellen. Seine Ohren richtet er nach vorne. Diese Körperhaltung ist oftmals mit einem Knurren verbunden. Schlimmstenfalls zeigt der Hund noch seine Zähne. Der Hund will damit sagen: „Leg dich nicht mit mir an und komme nicht näher zu mir".

Ist ein Hund sehr gestresst oder sehr verängstigt, reißt er seine Augen weit auf, beispielsweise, wenn er sich gerade mit einem anderen Hund in einem Konflikt befindet, der ihm angst macht. Der Hund reißt zusätzlich sein Maul auf, um das Gegenüber zu beschwichtigen.

Die entspannte Mimik des Hundes

Der Hund hat eine aufrechte und lockere Körperhaltung, wenn er sich normal-gelassen fühlt und seine Muskeln sind entspannt. Seine Bewegungen sind fließend und harmonisch. Er trägt die Rute locker.

Sie ist nicht angespannt. Er hat einen glatten, gelösten Gesichtsausdruck. Seine Lefzen hat er geschlossen. Lebhaft blicken seine Augen drein. Er bewegt zur Wahrnehmung der Geräusche seine Augen. Wedelt der Hund mit dem Schwanz die Rute schwingt also locker hin und her, dann freut er sich. Hat der Hund einen kurzen und eingerollten Schwanz, kann es sein, dass das gesamte Hinterteil mitschwingt. Durch Schwanzwedeln drückt der Hund seinem Gegenüber seine Freude aus.

Freut sich der Hund oder sieht gerade etwas Schönes, weiten sich seine Pupillen. Sind seine Augen lebendig und strahlen, fühlt sich der Hund gerade pudelwohl. Einen gesunden Appetit drückt er mit einem erwartungsvollen Blick aus, wenn er das Futter sieht. Der Gesichtsausdruck zeigt es deutlich, wenn der Hund glücklich ist. Schläft der Hund, zeigt sein Gesichtsausdruck ebenfalls, wie er sich gerade fühlt.

Springt der Hund übermäßig herum, rennt im Kreis oder lässt ein quietschendes, hohes Bellen ertönen, hat er gerade so richtig viel Spaß. Es gibt Hunde, die sich wie verrückt freuen und umherspringen, wenn Frauchen oder Herrchen nach Hause kommen. Sie tun so, als wenn sie Ewigkeiten weg gewesen wären. Haben sie Freunde länger nicht gesehen, begrüßen sie diese oft sehr übermütig. Springt ein Hund hoch, möchte er gern dem Gegenüber ein Küsschen geben.

Wälzt sich der Hund ausgiebig auf dem Boden oder robbt beispielsweise auf einem Teppich oder in seinem Körbchen, zeigt dies ebenfalls, wie wohl er sich fühlt. Manchmal verrenkt der Hund sich dabei und er zeigt sehr lustige und albern aussehende Positionen. Ist der Hund zufrieden, streckt er sich so richtig aus. Ein Schmatzen oder Schnaufen ist dabei zu hören. Ein Seufzen ist bei vielen Hunden in einem solchen Moment ebenfalls zu hören. Dies bedeutet, dass sich der Hund ebenfalls wohl und zufrieden fühlt.

Natürlich fühlt der Hund sich auch wohl beim Schmusen mit seinem Menschen. Ein Zeichen dafür, dass er bei seinem Besitzer glücklich ist, ist seine Nähe zum Besitzer. Manche Hunde legen sich als Aufforderung zum Schmusen auf den Rücken und niesen dabei oder sie machen komische Laute. Viele Hunde finden es sehr angenehm, ausgiebig am Rücken oder am Bauch gekrault zu werden. Ihren Besitzer fordern sie regelrecht dazu auf. Sehr entspannend kann für den Hund eine Massage sein. Die Bindung zum Hund wird gleichzeitig verbessert.

Das „Pfote geben" kann beim Hund ein Zeichen zum Betteln oder Unterwürfigkeit sein. Jedoch kann es ebenfalls ausdrücken, dass er sich freut, seinen Menschen zu haben, in seiner Nähe zu sein und er ihn zum Streicheln auffordern möchte.

Wahrscheinlich fühlen Hunde sich wohl, wenn sie richtig ausgelastet werden. Gehen Hunde viel draußen spazieren, rennen mit ihren Artgenossen und spielen mit ihnen, baut er damit seine natürliche Energie ab. Danach fühlt er sich pudelwohl. Auch das Spielen mit dem Besitzer macht den Hund glücklich und zufrieden, ebenso wie lange ausgiebige Wanderungen in der Natur. Hunde fordern, wenn es ihnen gut geht, gerne zu einem Spiel auf. Der Hund bringt dann Spielzeuge, springt mit seinen beiden Vorderbeinen hoch oder beißt spielerisch in die Leine.

Der Dackelblick beim Hund

Setzt der Hund seinen Dackelblick auf, dann schmilzt das Herz von Frauchen oder Herrchen nur so dahin. Es werden Endorphine ausgeschüttet. Jeden Tag kommuniziert der Hund mit dem Menschen über die Körpersprache. Er kennt seinen Besitzer wahrscheinlich besser als er sich selbst. Rund um die Uhr checkt er den Menschen ab. Jede seiner Bewegungen, jede Mimik des Menschen deutet er. Der

Blickkontakt ist für den Hund für die soziale Interaktion mit dem Menschen sehr wichtig. Nach und nach im Verlauf der Zeit hat er diesen immer mehr verfeinert.

Die Forscher konnten herausfinden, dass Hunde, welche diese Brauen Bewegung machen konnten, bevorzugt wurden. Die Menschen kümmerten sich um diese Hunde mehr. Dieses Merkmal manifestierte sich nach und nach. Der Hund kann uns einfach um seine Pfote wickeln. Er arbeitet mit deutlich mehr Gesichtsausdrücken, wenn er sich sicher ist, dadurch mehr Aufmerksamkeit zu bekommen. Nur der Husky hat den Muskel, der die innere Augenbraue heben kann, nicht. Der Dackelblick ist die Lebensversicherung für den Hund. Die Hunde bildeten für ihren Blick einen speziellen Muskel. Mit diesem können sie die innere Augenbraue heben. Der Hund setzt den Augenmuskel auch sehr gekonnt ein. Warum Hunde diesen Muskel einsetzen, konnte bisher nicht geklärt werden. Es wird jedoch vermutet, dass der Hund sich mit dem typischen Dackelblick größere Überlebenschancen ausrechnet. Der Grund dafür ist wahrscheinlich, dass aufgrund der Brauen Bewegung die Hundeaugen größer wirken. Das Gesicht wirkt kindlicher. Es sieht fast schon etwas traurig aus. Dementsprechend reagieren die Menschen darauf und kümmern sich eventuell, ob bewusst oder unbewusst mehr um ihren Freund wegen des niedlichen Hundeblicks. Eine Studie aus dem Jahr 2013 bestätigte dies. Hunde im Tierheim wurden schneller adoptiert, die mit dem Brauen spiel arbeiteten.

Was sagt die Ohrenstellung über einen Hund aus?

Über den Körper kommuniziert der Hund hauptsächlich, um die Sprache des Hundes eindeutig lesen zu können, muss man den ganzen Hund beobachten. Über die Absicht und die Motivation eines Hundes verrät die Stellung der Ohren einiges. Sie sind eine Art von Stimmungsbarometer. Brenzlige Situationen lassen sich schon an kleinsten Veränderungen der Hundeohren ablesen. Oftmals sind die Ohren des Hundes das erste Anzeichen für den Menschen, um die Stimmung des Hundes deuten zu können.

Hoch aufgerichtete Ohren

Hunde haben unterschiedliche Ohren. Es gibt Hunde mit Stehohren, Schlappohren, Ohren, die sehr behaart sind und schwere Hängeohren. Aufgrund der Rassezucht haben sich viele unterschiedliche Varianten an Hundeohren ergeben. Ein Hund, der Stehohren hat, kann meistens klarer kommunizieren als ein Hund mit Schlappohren. Ein Tier mit kupierten Ohren kann kaum noch kommunizieren, was oftmals zu Missverständnissen führen kann. Dennoch lassen sich einige Standardvarianten erkennen und einige Punkte können verallgemeinert werden.

Richtet der Hund seine Aufmerksamkeit nach vorne, hält er auch in diese Richtung seine Ohren und stellt sie nach vorne auf, beispielsweise bei der Jagd ist dies der Fall oder wenn der Hund offensiv droht. Je mehr Aufmerksamkeit der Hund an den Tag legt und je mehr Selbstbewusstsein er hat, umso höher stellt er seine Ohren auf. Bei einem Hund, der Schlappohren hat, lässt sich dies nur noch an den Ohrenwurzeln erkennen. Ein wenig bewegen sich diese nach vorne. Beide Ohren kann der Hund unabhängig voneinander in verschiedene Richtungen bewegen. Besser kann er auf diese Weise herausfinden, woher das Geräusch genau kommt. Diese Funktion ist einfach nur genial. Hat der Hund seine Ohren zur Seite gedreht, deutet er damit auf seine Unsicherheit hin, seine Neugier oder auf einen Zustand des Konflikts. Der Hund weiß noch nicht wirklich, wie er auf die aktuelle Situation reagieren soll. Liegen seine Ohren flach nach hinten an, zeigt er damit seine Unsicherheit, die bis zu Angst reichen kann. Hat der Hund seine Ohren aufgestellt, kann er sie in alle Richtungen drehen. Möchte der Hund einem anderen Tier imponieren, dreht er die Ohrwurzel nach vorne.

Nach hinten gerichtete Ohren

Stellt der Hund seine Ohren nach hinten oder legt sie an, kann das ein Zeichen für unterwürfige Freundlichkeit, für Demut, aber auch für ein defensives Drohen sowie Angst sein. Die Ohren sind beim Demutsverhalten horizontal abgespreizt und nach unten gedreht. Ein Hund, der ängstlich und/oder unsicher ist, klappt meistens seine Ohren nach hinten und legt diese eng an. Extrem eingeschränkt sind Hunde mit Schlappohren, da diese mit den Ohren kaum Signale abgeben können. Nur noch ihre Ohrwurzeln können sie nach vorne ziehen, damit sie ihre Aufmerksamkeit signalisieren können. Es gibt Hunde, die, wenn sie einen Menschen oder einen anderen Hund begrüßen wollen, ihre Ohren nach hinten legen. Die Ohren weisen dabei nach unten. Das zeigt die friedfertige und freundliche Annäherung des Hundes, die er mit dieser Ohrstellung noch deutlicher zeigen möchte.

Angelegte Ohren beim Streicheln

Angefasst zu werden, lieben nicht alle Hunde. Das Streicheln erfolgt oftmals in Kombination mit sich über den Hund beugen. Für manche Tiere fühlt sich das bedrohlich an und diese empfinden es als unangenehm. Legt der Hund, wenn er gestreichelt wird, seine Ohren an und diese bewegen sich ganz nervös hin und her, zeigt der Hund damit seine Unsicherheit. Auch während des Besuches beim Tierarzt, wenn der Hund auf dem Behandlungstisch Platz genommen hat und die Untersuchung erfolgt, ist dies zu beobachten. In dem Falle drückt der Hund aus, dass er sich in einer Notlage befindet. Ein Hund, der krank ist, klappt häufig seine Ohren weg. Instinktiv wird so das Gefühl von Mitleid erweckt.

Die Interpretation der Hundeohren

Für eine wirkliche Idee, was in dem Hund gerade vorgeht, ist das Gesamtbild des Hundes wichtig. Wie der Hund seine Ohren hält, ist bezogen auf die ganze Kommunikation und eigentlich nur ein Bruchteil von der Körpersprache des Hundes.

Legt ein Hund seine Ohren an, will er sich damit eigentlich optisch kleiner machen, als er in Wirklichkeit ist. Bei der Begegnung mit anderen Hunden ist dies eine Höflichkeitsform. Der Artgenosse soll wissen, dass der Hund friedliche Absichten hat. Das Resultat daraus kann ein Spiel der Hunde sein oder der Beginn einer wahren Hundefreundschaft. Legt der Hund seine Ohren an, zieht zusätzlich seine Rute ein, legt sie unter den Bauch und versucht zudem beim Spaziergang ein Ausweichmanöver, dann kann davon ausgegangen werden, dass sich der Hund unterwirft. Das sich kleinmachen ist ein Versuch der Beschwichtigung. Der Hund möchte vermeiden, dass es zu einem Konflikt kommen könnte. Ein unsicherer Hund, der beim Gassigehen auf große Fahrzeuge trifft oder wo sich andere Geräuschquellen auftun, sind die angelegten Ohren ein Zeichen für Angst oder Panik, die der Hund hat. Der Mensch sollte nun versuchen, den Hund zu beruhigen.

Was sagt die Stellung der Rute über den Hund aus?

Ein echtes Multitalent ist die Rute des Hundes. Der Schwanz ist die Verlängerung der Wirbelsäule und je nachdem, um welche Rasse es sich handelt, hat der Hund zwischen 6 und 23 Wirbeln. Die Anzahl kann auch noch innerhalb der Hunderasse variieren. Die Rute ist extrem beweglich auf der vaskularisierten Muskulatur. Zudem ist sie sehr empfindlich wegen der vielen Nervenbahnen in der Rute. Noch immer ist das Wissen über die Rute des Hundes recht gering. Es gibt auch Hunde, die gar keine Rute haben. Es lässt sich nicht definitiv sagen, ob der Schwanz unentbehrlich ist, was bestimmte Aufgaben betrifft. Es wurde diesbezüglich noch nicht genug geforscht. Ob die Rute nun lang oder kurz ist, sie gebogen, gerade oder eher wollig ist, mit der Rute wedelt der Hund nicht nur. Sie ist für viele Funktionen wichtig.

Die Rute hilft zunächst einmal dem Hund bei der Bewegung. Sie steuert beim Springen und Laufen den Körper des Hundes. Schnelle Richtungsänderungen könnte der Hund ohne die Rute gar nicht machen. Beim Schwimmen nutzt der Hund diese als Steuerruder. Insbesondere, wenn der Hund im Wasser ist, ist die Rute eine große Hilfe, damit der Hund in die gewünschte Richtung schwimmen kann und diese einhält.

Am meisten hilft die Rute jedoch bei der Kommunikation. Der Hund nutzt sie als Sprachorgan. Mehr oder wenige deutlich kann er sich über die Rute mitteilen. Ein Mensch kann diese Sprache allerdings nicht immer so deutlich lesen. Ein gemütlich wedelnder Hund zeigt seine friedliche Stimmung, das stimmt. So fächert er auch dem Partner seinen Körpergeruch zu. Es ist schon manchmal lustig anzusehen, wie der Hund aufgeregt bellt, während der Schwanz ruhig wedelt. Er zeigt so, dass er nichts Böses im Schilde führt. Bei der Verständigung zwischen einem Hund und einer Katze kann die Kommunikation schon einmal missverstanden werden. Die Katze peitscht mit ihrem Schwanz wütend, der Hund hingegen möchte mit dem aufgeregt wedelnden Schwanz zeigen, dass er Frieden haben möchte. Weitgehend unbekannt ist, dass der Hund seine Rute auch braucht, um Wärme zu regulieren. Ist ihm sehr kalt, hüllt er sich tief in seine Rute eine. Ist dem Hund zu warm, streckt er, wenn er nur wenig Haare hat, seine Rute aus und strahlt mit seinen Ohren die Wärme ab.

Das Schwanzwedeln

Nicht zwangsläufig bedeutet das Schwanzwedeln beim Hund seine Begeisterung. Es kann auch genau das Gegenteil bedeuten. Es ist ein Zeichen der Erregung, prinzipiell gesehen, doch das allein sagt nicht aus, ob der Hund positiv oder negativ gestimmt ist. Ein Hund wedelt zum Beispiel auch mit dem Schwanz, wenn er sein Revier verteidigen möchte oder wenn er anderen Artgenossen imponieren möchte. Ist der Körper ruhig, während der Hund mit dem Schwanz wedelt, der Kopf des Hundes leicht gesenkt und er fixiert sein Gegenüber bedeutet die wedelnde Rute, dass der Hund aufgeregt ist. Es kann zu einem Angriff kommen.

Zunächst einmal bedeutet das Wedeln mit der Rute lediglich, der Hund ist dazu bereit zu handeln, wenn es sein muss. Es sollte nie davon ausgegangen werden, dass sich ein Hund, der mit der Rute wedelt, freut. Es muss immer die gesamte Körpersprache angeschaut werden. Gerade wenn es sich um einen fremden Hund handelt, der sich schlechter einschätzen lässt als der eigene Hund, sollte der Mensch aufmerksam die Signale beobachten. Meistens bedeutet ein Schwanzwedeln bei der die Rute erhoben ist, der Hund freut sich. Wedelt der Schwanz und die Rute ist jedoch heruntergezogen, hat der Hund Angst.

Die Richtung

Wissenschaftler fanden heraus, dass auch die Richtung des Schwanzwedelns eine Bedeutung hat. Hunde drücken die unterschiedlichsten Gefühle mit ihrer Rute aus. Es kommt darauf an, ob sie nach rechts wedeln oder nach links. Es ließ sich auch feststellen, dass Artgenossen diese Zeichen deuten können. Ein Schwandwedeln nach links drückt beim Hund seine negativen Emotionen aus. Zum Beispiel kann es eine Warnung gegenüber den feindseligen Artgenossen sein. Wedelt der Hund nach rechts, zeigt er positive Emotionen. Verantwortlich für das Schwanzwedeln nach links oder rechts ist die Verschaltung von den Hirnhälften mit dem Körper des Hundes.

Schwanz steil nach oben gerichtet

Zeigt der Schwanz hoch und gerade nach oben, zeigt der Hund seine Selbstsicherheit. Seine Haltung ist aktiv. Zeigt er dabei eine direkte Bewegung, die weniger steif ist und schiebt ein wenig seinen ganzen Körper vor, ist das für sein Gegenüber eine Warnung. Der Hund ist zu einer direkten Konfrontation bereit. Ist der Schwanz hoch aufgerichtet und bewegt sich langsam, kann es sein, dass der Hund nervös ist. Eine Rute, die starr nach oben gerichtet ist, muss nicht immer gleich aussehen. Sie variiert von ein wenig mehr als waagerecht bis zu steil senkrecht. Trifft ein Hund auf einen anderen und er hat seine Rute steif nach oben gestellt, geht er auch steifbeinig. Die Gelenke sind durchgedrückt. Die Rute pendelt manchmal etwas.

Der Hund hat sein Fell aufgestellt und die Gliedmaßen sind durchgestreckt. Sein Gang gleicht einem Stelzengang. Er hat den Kopf gesenkt und dieser bildet mit dem Rücken eine gerade Linie. Das Gegenüber wird fixiert und die Ohren sind nach vorne aufgerichtet. Es kann sein, dass er auch seine Zähne zeigt. Die Mundwinkel sind rund.

In einem solchen Fall kann man davon ausgehen, dass der Hund eine drohende Haltung eingenommen hat.

Die Rute, die einst starr war, fällt in Richtung Bauch. Der Hund zeigt komplett seine Zähne, sogar das Zahnfleisch ist zu sehen. Es entsteht ein spitzer Maulwinkel. Eng am Kopf liegen die Ohren. Es kann sein, dass der Hund sich auch ein wenig duckt. Er gibt verschiedene Laute von sich, wie Schreien, Knurren und Bellen. Er reißt sein Maul immer wieder auf und stößt dann vor, schnappt in die Luft und täuscht ein Beißen vor. Hierbei handelt es sich um eine Drohung und noch nicht um einen Angriff.

Eingeklemmter Schwanz

Eine eingeklemmte Rute kann darauf hindeuten, dass der Hund ängstlich ist aufgrund der aktuellen Situation und sich unsicher fühlt. Die Haltung, die er einnimmt, ist passiv. Er möchte eventuell jede Konfrontation, egal welcher Art, vermeiden. Hat der Hund die Rute zwischen den Pfoten eingeklemmt und wedelt eventuell mit dieser, kann es sein, dass er sehr angespannt ist. Sollte es in dem Moment zu einem Kontakt kommen, kann es vorkommen, dass der Hund knurrt oder sogar beißt. Die eingeklemmte Rute kann auch ein Zeichen dafür sein, dass es dem Hund nicht gut geht, dass er krank ist oder Schmerzen hat. Ist der Schwanz leicht eingeklemmt und reicht bis an den Bauch heran, kann dies Verschiedenes bedeuten. Der gesamte Kontext ist wichtig. Es gilt aber immer, dass der Hund auf etwas reagiert, dass erst einmal unangenehm für ihn ist. Es kann sein, dass er unter psychischem Stress steht. Ist der Lauf gerade die Rute ein wenig gesenkt und zeigt leicht nach unten und die Rute bewegt sich hin und her, so ist der Hund traurig. Er gähnt auch dabei, schnüffelt am Boden, kann sich kratzen oder „pfötelt" oder er hebt die Pfote an.

Der Hund hat seine Läufe gebeugt, der Rücken ist etwas abschüssig, die Rute leicht gesenkt sowie leicht eingeklemmt. Der Hund macht sich fertig zum Fliehen. Er hat die Fellhaare aufgerichtet und seine Ohren ein wenig angelegt. Diese Stellung zeigt sich gerade bei Begegnungen mit anderen Hunden. Das Tier hat höchstwahrscheinlich Angst oder befindet sich in einer fremden Umgebung, die ihn verunsichert.

Wann freut sich ein Hund?

Ein Hund, der sich freut, da schlägt das Herz des Menschen höher. Freut sich der Hund, hüpft er herum, oftmals wie von Sinnen, beispielsweise, wenn Frauchen oder Herrchen nach Hause kommen. Beim Spielen im Freien oder auch während des Gassigehens tobt er wie verrückt. Es ist wichtig, den Hund genau zu beobachten und die Ausdrucksweise zu studieren. Es kann passieren, dass der Erregungszustand des Hundes so hoch ist, dass er sogar in eine Stresssituation gerät. Der Hund zeigt dies, indem er angespannt ist, nervös, rastlos und unruhig. Dies ist beim Hund gut zu erkennen. Das Tier muss dann zur Ruhe gebracht werden. In einem 120-Grad-Winkel pendelt der Hund mit seiner Rute. Es kann sein, dass er um den Menschen herumtanzt. Die Augen drücken dies ebenfalls aus. Bei weiten Augen freut sich der Hund normalerweise. Die Gesamtsituation der Augen ist wichtig. Weite Pupillen können auch ein Zeichen von Angst sein. Freut sich der Hund, kombiniert er dies oft mit einem übermäßigen Verhalten. Er bellt, rennt um den Menschen herum und rudert mit seinen Vorderbeinen in der Luft. Der Hund sucht die Nähe des Besitzers, schleckt ihn vielleicht ab oder er gibt, um seine Freude zu zeigen, dem Menschen die Pfote. Jeder Hund äußert seine Freude anders.

Der Hund hat ein eigenes Seelenleben wie der Mensch auch. Das Glück gehört dazu. Schwer lässt der Zustand sich beschreiben. Für den Hund ist Glück mit anderen Maßstäben verbunden als für den Menschen. Zum Glücklichsein möchte der Hund einfach nur ein Hund sein dürfen und die Liebe seines Frauchens oder Herrchens zu spüren. Wichtig ist es für den Hund, dass der Mensch, die Dinge, welche den Hund unglücklich machen, entfernt. Der Hund braucht, um glücklich zu sein, Gesellschaft, entweder ist dies das Frauchen oder das Herrchen oder

Artgenossen. Hat der Hund Langeweile, fühlt er sich nicht wohl. Ebenso, wenn er misshandelt wir. Zu seinem Glück braucht der Hund die Nähe zu seinem Menschen, Geborgenheit, Bewegung und Abwechslung. Die Welt zu erkunden, gehört dazu. Das macht er im sprichwörtlichen Sinne. Wichtig zum Hundeglück ist auch die Kommunikation mit den Artgenossen, ob das nun beim Gassigehen oder auf dem Hundeplatz ist, spielt keine Rolle.

Wann ist ein Hund aggressiv?

Von Natur aus ist kein Tier bösartig und um ein Fehlverhalten handelt es sich bei der Aggression nicht. Sie dient dem Überleben. Aggression ist ein Instinkt. Sie ist wichtig, um sich durchsetzen und sich verteidigen zu können und damit letzten Endes überleben zu können. Aggression wird erst dann zum Problem, wenn sie übermäßig auftritt oder wenn sie sich gegen Ziele richtet, bei denen die Aggression nicht angemessen ist. Ist der Aggressor dann noch der Dominantere, wird es gefährlich, denn das Gegenüber ist nicht in der Lage, den Hund zur Ordnung zu rufen. Oftmals ist der Hund, was die Abwehr betrifft, vom Körper her dem Menschen überlegen. Bewaffnet ist er mit einem scharfen Gebiss, dieses kann eine echte Gefahr für andere Tiere und Menschen sein. Haushunde haben eigentlich keinen Grund, aggressives Verhalten zu zeigen, da sie ihre Nahrung nicht selber jagen und sich nicht verteidigen müssen gegen Angreifer. Gefördert wird das aggressive Verhalten in den meisten Fällen durch andere sekundäre Faktoren.

Die Früherziehung ist beim Hund enorm wichtig. Diese erfolgt durch Artgenossen und/oder den Menschen. Sofern diese Sozialisation misslingt, kann der Hund zur Aggression neigen. Wurden bei der Erziehung Fehler gemacht und Trainingsmethoden angewandt, die nicht geeignet sind, ist dies ein weiterer Punkt, der zur Aggression führen kann. Auch eine mangelnde Unterordnung den Menschen gegenüber und anderen Hunden sind weitere Punkte. Wird der Hund gezielt „scharf gemacht", wird er so zu einer Waffe erzogen. „Scharfmachen" hat auch damit zu tun, dass der Besitzer sein Selbstwertgefühl mit dem Hund steigern möchte. Leidet der Hund unter einer Angststörung, kann dies ebenfalls zur Aggression führen. Der Hund ist einer Lage ausgesetzt, die für ihn (eventuell auch nur vermeintlich) bedrohlich erscheint. Er will sich dann lediglich verteidigen. Ein Hund mit einem fehlgeleiteten Jagdtrieb kann zur Aggression neigen. Schnelle Bewegungen werden von manchen Hunden in der Weise interpretiert, dass sie bei ihnen den Jagdtrieb auslösen. Eher selten, aber dennoch möglich ist ein aggressives Verhalten aufgrund neurologischer Probleme. Krankhafte Veränderungen in dem Gehirn des Hundes sind dafür verantwortlich.

Ein Hund, der aggressiv eingestellt ist, zeigt dies in Form seiner Körpersprache. Er sendet mit ihr deutliche Warnzeichen aus. In einem solchen Fall ist Vorsicht geboten, sollte der Hund anfangen zu knurren oder sein Gegenüber drohend anstarren, die Lefzen hochzieht sowie die Zähne fletschen, sollte besser auf Abstand gegangen werden. Hat er mit diesen Warnungen keinen Erfolg, weil sein Gegenüber beispielsweise keinen Abstand nimmt, kann es sein, dass er beginnt zu schnappen oder einen Scheinangriff vornimmt. Erst danach wird er sein Gegenüber ernsthaft attackieren. Sein ganzer Körper ist angespannt. Das Nackenfell hat er aufgerichtet. Ist er aggressiv, weil er Angst hat, knickt er, um dies zu zeigen, seine Hinterbeine ein. Sein Rücken ist rund und der Schwanz und die Ohren sind angelegt. Die Lautäußerungen sowie die Körperkommunikation des Hundes sollten in jedem Fall ernst genommen werden. Aus heiterem Himmel wird ein Hund nicht angreifen.

Wie drückt der Hund seine Angst aus?

Ein Hund, der Angst hat, ist großem Stress ausgesetzt. Dieser kann sich auf unterschiedliche Arten ausdrücken. Die Symptome lassen sich im Grunde genommen in zwei Kategorien einteilen. Dies sind die verhaltensbezogenen und die körperlichen Symptome. Bezüglich dessen gibt es zahlreiche unterschiedliche Auffälligkeiten. Diese können weniger stark auftreten, aber auch sehr stark sein.

In Angstsituationen reagiert jeder Hund anders. Es gibt Hunde, die erstarren, andere Hunde ergreifen die Flucht und wieder andere werden aggressiv. Ganz oft kämpfen sie mit innerer Unruhe. Sie neigen dazu, mehr Wasser oder Futter aufzunehmen. Kreiseln und wundlecken wie auch rammeln und aufreiten, gehören zu den typischen Bewältigungsmechanismen des Hundes, wenn er Angst hat.

Ob der Hund Angst hat oder er unter Stress steht, lässt sich an der Körperhaltung erkennen. Ein Hund, der Angst hat, klemmt häufig seine Rute ein. Seine Körperhaltung ist geduckt und er erstarrt, seine Ohren hat er angelegt. Die Augen sind weit aufgerissen sowie die Pupillen erweitert. Wahrscheinlich atmet er schnell oder er hechelt und er hat eine erhöhte Herzfrequenz oder auch einen erhöhten Blutdruck. Angst äußert sich beim Hund zudem oftmals durch Zittern, durch aufgerissene Augen, durch erweiterte Pupillen und schwitzige Pfoten. Der Hund leidet auch nicht selten an Haarausfall oder an der Bildung von Schuppen.

Wie erkennt man, dass ein Hund spielen möchte?

Spielen Hunde miteinander, zeigen sie das durch Körpersignale deutlich. Das entspannte Spielgesicht gehört dazu. Die Augenpartie des Hundes ist entspannt und manchmal hat er seine Ohren leicht zurückgezogen. Die gebogene Rute sowie übertriebene Bewegungen sind die charakteristischen Merkmale beim Spielen. Im Galopp hopsen sie herum. Einander zum Spielen fordern sie mit der typischen Stellung auf die Vorderkörper-tief-Stellung. Pausen werden Hunde immer machen und dabei ihre Rollen tauschen. Der Hund, der gejagt hat, wird zum Jäger und der Hund, der, der Stärkere ist, lässt sich auch mal überwältigen.

Hunde können während des Spiels immer aufs Neue lernen, wie sie sich ihren Artgenossen gegenüber verhalten können. Der Hund kann so ohne das eine akute Gefahr besteht, sein Fluchtverhalten trainieren. Die Hunde reiten sich gegenseitig auf. Der Spielgefährte wird für die Zeit des Spiels, die Ersatzbeute und gejagt und bekämpft als Ersatzgegner, ohne das sich die Hunde gegenseitig verletzen. Dafür müssen die Hunde sich untereinander aber wohlfühlen und ein sicheres Gefühl haben. Ein Spiel, das unbeschwert verläuft, findet nur unter Hunden statt, die miteinander vertraut sind. Das heißt, ein Spiel zwischen den Geschwistern, den Elterntieren oder auch mit Hunden, die sich gernhaben und die sich immer wieder sehen. Es sollte jedoch auch bei der Vorderkörper-tief-Stellung auf ein paar Dinge geachtet werden. Wie weit liegen die Vorderbeine des Hundes beieinander. Stehen sie eher eng zusammen und parallel, möchte der Hund nicht spielen, sondern befindet sich in einem Konflikt. Der Hund sagt damit dem Menschen und dem anderen Hund, dass er sich unwohl fühlt und es irgendwas gibt, was er als unangenehm empfindet. Hat der Hund die Vorderbeine weit auseinander aufgestellt und schaut sein Gegenüber einladend an, ist dies eine eindeutige Spielaufforderung.

Die Ausrichtung der Hunde zueinander sagt ebenfalls etwas über das Spielverhalten aus. Viel sagt die Ausrichtung darüber aus, ob die Hunde spielen möchten oder der Hund sich bedroht fühlt. Hunde, die spielen, sollten immer unter Beobachtung stehen. Bei Ressourcen kann es schnell passieren, dass Auseinandersetzungen untereinander entstehen können. Man sollte wissen, umso frontaler die Hunde sich gegenübertreten, umso eher geht es den Hunden darum, die Ressourcen zu verteidigen. Dies führt wahrscheinlich zu einem Aggressionsverhalten. Je öfter Hunde beim Spielen nebeneinander stehen, das heißt, sie stehen parallel zueinander, umso eher möchten sie auch wirklich harmonisch miteinander spielen. Der Kontext muss natürlich immer betrachtet werden.

Legen Hunde, während sie miteinander spielen, immer wieder Pausen ein, haben sie Zeit zu verschnaufen und spielen anschließend weiter, so ist das ein Zeichen dafür, dass sie gerne mit dem Gefährten spielen. Gehen Hunde beim Spielen immer mal wieder kurz auseinander und es sind, wenn auch kleine, aber deutliche Vergrößerungen der Distanz zu beobachten, zeigt dies deutlich, sie spielen miteinander. Durch ein Markersignal kann diese Bewegung verstärkt werden. Das Spiel lässt sich damit positiv beeinflussen. Vielen Hunden hilft es, wenn der Mensch mit von der Partie ist.

Welche Unterschiede gibt es bei der Körpersprache zwischen Welpen und ausgewachsenen Hunden?

Eine richtige Körpersprache ist bei Welpen noch nicht ausgeprägt und kommt erst nach und nach fast wie von alleine. Die Kleinen sind recht tollpatschig und müssen vorab für sich herausfinden, welches Verhalten zu welchem Erfolgserlebnis führt. Die Kleinen gucken sich sehr viel von anderen Hunden ab und auch die Erziehung des Menschen führt zu einer ganz eigenen Körpersprache. Welpen finden sehr schnell heraus, das sie süß sind und das sie mit einem bestimmten Verhalten von ihrem Besitzer alles bekommen können, doch hier sollte man als Frauchen oder Herrchen aufpassen, denn so ist eine optimale Erziehung nicht möglich. Die Körpersprache eines ausgewachsenen Hundes ist voll und ganz ausgeprägt. Ein solcher Hund hat alles Wichtige bereits gelernt und weiß, welches Verhalten zu welchem Erfolg führt. Er weiß, was Knurren hecheln oder Anspringen bedeuten und welche Auswirkungen ein solches Verhalten hat, daher ist es oftmals auch sehr schwierig, einen älteren Hund zu erziehen, denn man muss diesen quasi nach seinen Vorstellungen umprogrammieren. Er muss vieles von dem bereits gelernten vergessen und andere Dinge verinnerlichen. Hier kann nur ein erfahrener Hundebesitzer zum Ziel kommen.

Tipps für Hundebesitzer von Welpen

Ein Welpe, der noch ungestüm ist, stellt das Leben der Familie ganz schön auf den Kopf, daher braucht das neue Familienmitglied von Anfang an eine gute Welpenerziehung. Damit das Zusammenleben friedlich wird und ohne Stress abläuft, muss der Welpe konsequent erzogen werden. Weiß der Hund schon zu Beginn, wo seine Position in der Familie ist und kennt seine Grenzen, ist die Stimmung im Haus harmonisch und der Hund kann sich gesund entwickeln. Hunde gehören zu den Rudeltieren. Regeln und klare Strukturen sind wichtig für das seelische Wohlbefinden des Hundes. Ist der Hundebesitzer unsicher oder nachlässig, ist der junge Hund verwirrt. Daraus entsteht ein unerwünschtes oder sogar gefährliches Verhalten. Verhaltensweisen, die der Hund früh erlernen konnte, sind ihm später schwer wieder abzugewöhnen. Natürlich macht der Welpe es seiner neuen Familie nicht leicht. Einem niedlichen Welpen zu widerstehen ist gar nicht so einfach. Der Mensch sollte sich, bevor der Welpe Einzug hält, überlegen, wie das Zusammenspiel zwischen ihm und dem Hund aussehen soll. Welche der Verhaltensweisen sind ihm wichtig und welches Verhalten sollte der Hund keinesfalls an den Tag legen. Gibt es für den Hund von Beginn an eine klare Linie, lernt er schnell, wo für ihn der Platz ist und wird auch wenn er erwachsen ist, dem Menschen wenig Probleme machen.

Welche Signale signalisiert ein Welpe, wenn er Gassi muss?

Seine Blase kann der Welpe erst ab der 16. Woche circa wirklich kontrollieren. Ein kleines Malheur kann deshalb immer mal passieren. Der eine Welpe braucht länger bis er stubenrein ist, als der andere. Der Welpe muss genau beobachtet werden in der Zeit, bis er stubenrein ist. Mit bestimmten Verhaltensweisen gibt er zu verstehen, dass er sich lösen muss. Der Welpe sollte in jedem Fall immer, nachdem er geschlafen, gefressen und insbesondere nach dem Spielen zum Lösen nach draußen gebracht werden. In den genannten Situationen muss ein Welpe sich oftmals erleichtern. Welpen urinieren allgemein noch oft. Es schadet keinesfalls, öfters mit dem Jungtier Gassi zu gehen und wenn es nur vorsorglich ist. Lieber einmal zu viel, als einmal zu wenig. Hat der Welpe sich draußen erleichtert, wird er intensiv gelobt. Das bedeutet, so richtig ausflippen vor Freude. Ist doch einmal ein Malheur in der Wohnung passiert, nicht mit ihm schimpfen. So verbindet er die Erleichterung in der Wohnung immer mit etwas Negativem. Es reicht aus „Nein" zu sagen.

Gleichzeitig lernt der Welpe auch direkt, was es mit dem Wort „Nein" auf sich hat. Ganz wichtig ist, vor dem Schlafengehen noch einmal mit dem Welpen rauszugehen und sich mit ihm dort etwas zu beschäftigen. Ein großer kuscheliger Karton als Schlafplatz für den Welpen ist eine weitere Möglichkeit. Der Karton sollte eine Größe haben, wo der Welpe nicht herausspringen kann. In den Karton wird eine Decke gelegt. Welpen urinieren generell nicht auf den Platz, auf dem sie schlafen. Muss er nach draußen, so wird er jammern oder wimmern. Der Welpe wird aus dem Karton geholt und nach draußen gebracht. Eine weitere Möglichkeit ist eine Welpentoilette. Sie sollten den Welpen, um ihn an die Hundetoilette zu gewöhnen, einfach immer wieder auf diese setzen und abwarten. Es kann sein, dass er diese sofort annimmt oder man muss etwas geduldig sein, aber irgendwann wird es klappen. Gerade für die Nacht ist die Hundetoilette eine große Hilfe. Hat er sich gelöst, heißt es, wie auch draußen, ausgiebig loben.

Wichtig sind klare Kommandos. Der Tonfall sollte ruhig, aber dennoch entschlossen sein und die Körpersprache des Menschen gegenüber seinem Hund, dem Hund Sicherheit geben. Es gibt kein eindeutiges Signal, dass jeder Hund zeigt. Jedes Tier hat seine eigene

Persönlichkeit und somit unterscheiden sie sich auch, wie sie mitteilen, dass sie raus müssen. Es gibt Hunde, die gehen sofort zur Haustür. Andere Hunde zeigen an, dass sie Gassi müssen, indem sie sich im Kreis drehen. Wieder andere Hunde gehen aus dem Raum und suchen einen ungestörten Ort auf. Oft schnüffeln Hunde am Boden, bevor sie anfangen, sich zu lösen. Der Mensch kann nur durch Beobachtung herausfinden, was sein Hund macht, wenn er Gassi muss. Dreht sich der Welpe wie ein Kreisel oder hat seine Nase zum Schnüffeln auf dem Boden, als wenn er auf der Suche ist, wird er freundlich auf den Arm genommen und zur Lösestelle gebracht. Der Hund wird dort abgesetzt und der Mensch wartet in aller Seelenruhe, bis der Hund sich entleert hat. Es kann sein, dass es ein paar Minuten dauert. Draußen ist doch alles so wahnsinnig aufregend und manches Mal auch beängstigend.

Wie signalisiert ein Welpe seine Unsicherheit in einer neuen Umgebung?

Der Einzug in das neue Zuhause ist sowohl für den Welpen als auch für die Menschen sehr aufregend. Innerhalb von ein paar Minuten hat er alles, was er seit seiner Geburt kennengelernt hat, verloren. Seine Mutter, seine Geschwister und seine gewohnte Umgebung. All das, was ihm Sicherheit und Schutz gegeben hat, ist plötzlich weg und all das, obwohl er das gar nicht wollte. Er muss sich erst einmal zurechtfinden in seiner neuen Umgebung. Das gilt für die neuen vier Wände als auch die Umgebung draußen. Der Welpe reagiert auf eine neue Umgebung nicht selten mit Angst. So viele neue Geräusche, Gerüche und andere Dinge. Es kann sein, dass er zu bellen beginnt. Das kann Panik oder Unsicherheit bedeuten oder er möchte einfach die anderen auf sich aufmerksam machen. Der Welpe ist nervös, springt vielleicht unkontrolliert herum. Es kann sein, dass er sich ängstlich und depressiv zurückzieht oder er bellt alles und jeden an. Es kann sogar zu einem Angriff kommen. Die erste Nacht in der neuen Umgebung ist wohl das Aufregendste für ihn. Weint er, möchte er dem Menschen etwas mitteilen. Die erste Nacht wird noch aufregender. Es kann sein, dass der Welpe zu weinen beginnt. Sie sollten in einem solchen Fall für ihn da sein, aber ihn nicht bedrängen. Eventuell haben Sie ein Spielzeug oder ein Kuscheltier, welches ihm bekannt ist und Sie ihm mit in das Körbchen geben können. Er fühlt sich dann etwas Geborgener und oftmals hilft dies bei der Angstbewältigung.

Ab welchem Alter dürfen Welpen von der Mutter getrennt werden?

Wird der Welpe zu früh von seiner Mutter und seinen Geschwistern getrennt, kann dies zu Verhaltensstörungen führen sowie zu Problemen mit der Gesundheit. Klar definiert ist daher in der Tierschutz-Hundeverordnung, dass frühestens, wenn der Welpe acht Wochen alt ist, getrennt werden darf. Frühestens ab der achten Woche heißt aber nicht, dass er nicht auch ein bisschen länger in seiner gewohnten Umgebung verweilen darf. Es gibt auch Feststellungen, dass Hunde erst ab der zwölften Woche von Mutter und Geschwistern getrennt werden sollten. Auch die Hunderasse beeinflusst den Zeitpunkt der Abgabe. Bereits in der neunten Woche können Welpen kleinerer Hunderassen in ein neues Heim einziehen. Mittelgroße Hunderassen sollten erst nach der zehnten Woche bei Mutter und Geschwistern ausziehen. Welpen der großen Hunderassen ab der zwölften Woche. Für den Welpen ist die Trennung ohnehin nicht leicht zu verkraften, egal, ob es in der achten, neunten, zehnten oder zwölften Woche ist. Die Sozialisierung hat in den Wochen erst angefangen. Zieht der Welpe zu diesem Zeitpunkt um, kann es für ihn eine immense Verunsicherung bedeuten. Wird der Welpe erst ab der zwölften Woche abgegeben, so hat er schon deutlich an Selbstbewusstsein gewonnen. So gewöhnt er sich auch schneller an das neue Heim. Das kommt auch dem Halter zugute.

Wie erzieht man einen Welpen?

Die Welpenerziehung ist das A und O für ein harmonisches miteinander. Ein Patentrezept gibt es in der Beziehung nicht. Klar, es gibt Grundlagen und bestimmte Vorgehensweisen, welche sich bei der Erziehung der Hundebabys bewährt haben. Jeder Welpe ist eine eigene kleine Persönlichkeit mit einem eigenen Charakter, was bedeutet, jeder Welpe muss individuell erzogen werden. Jeder Welpe hat Stärken sowie Schwächen. Der Besitzer muss nun herausfinden, welche das sind und durch die richtige Erziehung sowie Ausbildung die Stärken des Hundes fördern und mit ihm an seinen Schwächen arbeiten.

Viele der Charaktereigenschaften und der Verhaltensweisen von einem Welpen hat dieser aufgrund seiner Rasse erhalten. Der Hund wurde durch die Züchtung geformt, damit er optimal seinen Menschen unterstützen kann. Für unterschiedliche Zwecke werden die verschiedenen Hunderassen eingesetzt. Sei es der Hütehund, der Wachhund, der Begleithund und der Jagdhund. Der Charakter und das Wesen des Hundes sind geprägt durch den Verwendungszweck. Wichtig ist demnach bei der Erziehung des Hundewelpen, dass der Besitzer mit den Wesenszügen und den Charaktereigenschaften, die typisch sind für die jeweilige Rasse sich auskennt. Diese müssen berücksichtigt werden bei der Erziehung. Dem Dackel, der ein Jagdhund ist und seine Entscheidungen selber trifft, muss der Besitzer andere Prioritäten zukommen lassen, als dem Besitzer einer französischen Bulldogge, die gezüchtet wurde als Schoßhund. Die französische Bulldogge hat keinen Jagdtrieb.

Dennoch gibt es bei der Erziehung des Welpen einige allgemein geltende Grundvoraussetzungen. Wichtig sind Ausdauer, Konsequenz und Geduld des Hundebesitzers. Bei der Erziehung des Welpen handelt es sich um einen Prozess. Der Besitzer und der Welpe müssen sich gemeinsam entwickeln. Ganz wichtig ist kein Druck. Der eine Welpe lernt schneller als der andere. Ein Welpe begreift nach wenigen Wiederholungen und er kann die Übung, ein anderer braucht etwas länger dafür. Eine unterschiedliche Lernbereitschaft ist absolut in Ordnung. Ungeduld sowie Zeitdruck bringen weder den Welpen noch den Besitzer weiter. Zu einem Erfolg auf lange Sicht führen beim Welpen die Ausdauer, das heißt, ständige Wiederholungen der Übungen und immer viel Lob für den Kleinen. Außer diesen Grundvoraussetzungen ist natürlich selbstverständlich, dass der Welpe positiv, artgerecht und ohne Gewalt erzogen wird. Das bedeutet nicht, dass der Welpe eine antiautoritäre Erziehung braucht.

Wichtig ist eine konsequente Erziehung, dass Grenzen gesetzt werden und Regeln von ihm eingehalten werden. Enorm wichtig sind diese Dinge für den Welpen, denn er kann nur in der Form verstehen, was er tun darf und was er nicht. Am besten ist eine Erziehung, bei der dem Welpen gezeigt wird, was er machen soll und wenn er dies tut er positiv bestärkt wird. Das ist besser, als ihn zu bestrafen, wenn er etwas getan hat, was er nicht machen darf. Gewalt und Strafe machen keinen Sinn. Auf kurze oder lange Sicht wird der Welpe so zu einem Angsthund heranwachsen. Schlimmstenfalls wird er ein Angstbeißer. Die Belohnung kann unterschiedlich erfolgen. Nicht immer muss es ein Leckerli sein. Er kann auch zur Belohnung einen Ball bekommen oder ein anderes Spielzeug, mit dem er dann spielen kann. Hauptsache der Kleine hat seinen Spaß. Damit wird sein positives Verhalten bestärkt.

Der richtige Weg zum Ziel ist die positive Motivation. Diese kann erfolgen durch ein verbales Lob, durch ein Leckerli, durch eine Streicheleinheit oder durch ein kurzes Spiel. Der Hund verknüpft so seine Erfolgserlebnisse mit dem Verhalten, das sich der Besitzer gewünscht hat. Das perfekte Timing ist dabei wichtig. Zeitnah muss das Lob erfolgen, ansonsten kann der Hund das Lob nicht mehr mit dem Verhalten, das er gezeigt hat, verbinden.

Die Aufmerksamkeitsspanne eines Welpen ist noch gering. Das Training sollte nicht übertrieben werden. Am besten sind kurze Trainingseinheiten sowie regelmäßige Pausen. Insbesondere zu Anfang reichen ein paar Minuten bereits aus. Nach und nach kann die Trainingszeit gesteigert werden. Kleine, aber davon mehrere Trainingseinheiten sind besser als eine sehr lange. Jede Trainingseinheit sollte der Hund mit einem positiven Erlebnis beenden. Endet die Trainingseinheit mit einem negativen Ergebnis, senkt das die Motivation des Welpen für die nächste Trainingseinheit.

Der Welpe lernt direkt nach seiner Geburt. Zwischen der zweiten Lebenswoche und der vierzehnten Lebenswoche lernt der Kleine seine Umwelt ganz intensiv kennen und noch vieles andere. Was er in dieser Zeit an Erfahrungen macht und welche Verhaltensweisen er lernt, dass weiß er noch, bis er ein hohes Hundealter erreicht hat. Die Sozialisierungsphase prägt sich zwischen der achten und der zwölften Woche. Er lernt, wie er sich in die Gemeinschaft eingliedert und was er darf und was er nicht darf. Normalerweise zieht der Welpe in der Zeit in sein neues Heim ein. Er wird getrennt von seinem Züchter, der Mutter und seinen Geschwistern und kommt zusätzlich noch in eine Umgebung, die ihm völlig fremd und neu ist. Direkt von Anfang an sollte dem Welpen gezeigt werden, wo die Grenzen sind und welche Spielregeln es gibt. Ebenso sollte er direkt ab dem ersten Tag lernen, stubenrein zu werden. Natürlich wird dies nicht gleich gelingen, aber man sollte diesbezüglich nicht locker lassen.

Hat der Welpe sich an sein neues Zuhause gewöhnt, sollte er lernen, entspannt und ruhig für ein paar Minuten alleine in dem Räumen bleiben zu können. 5 Minuten sind ausreichend für den Anfang, indem er für diese Zeit alleine in ein anderes Zimmer gebracht wird. Der Welpe sollte während der Zeit entspannt bleiben. Nach und nach kann die Übung über Wochen und Monate gesteigert werden. Am einfachsten ist die Übung, wenn der Welpe auf seinem Lieblingsplatz Platz nehmen darf und ihm schon vor Müdigkeit die Augen zu fallen oder durch ein Spielzeug, durch das er abgelenkt wird, beschäftigt ist. Nun geht es ans Lernen und er muss verinnerlichen, locker an der Leine zu laufen, auf seinen Hundenamen zu hören und „Sitz" und „Platz" zu lernen. Gleichzeitig muss er an Alltagssituationen herangeführt werden, wie Autofahren, die Fellpflege, die Zahnpflege, die Krallenpflege und den Besuch beim Tierarzt. Hinzukommen das Planschen im Wasser, anderen Menschen zu begegnen sowie anderen Hunden und anderen Tieren und dabei kein aggressives Verhalten an den Tag zu legen.

Die alltäglichen Geräusche gehören ebenfalls dazu, wie beispielsweise die Türklingel, spielende Kinder, Autolärm, das Telefon und zahlreiche Dinge mehr. Begegnungen mit anderen sozialisierten Hunden sind besonders in der Sozialisierungsphase wichtig. So kann er von vorneherein richtig lernen, wie sich Artgenossen untereinander verhalten. Je weiter die Zeit rückt, können dann andere Tricks und Kommandos einstudiert werden. Wichtig ist, langsam vorzugehen. Der Welpe darf nicht überfordert werden. Verhalten, dass nicht erwünscht ist, wie beispielsweise Beißen oder Kläffen, sollte direkt im Keim erstickt werden.

Welche Hunderassen sind besonders familienfreundlich?

Natürlich kann eine Familie jede Hunderasse in ihre Familie aufnehmen. Die Voraussetzung sollte jedoch stets sein, dass der Hund sozialisiert, gut erzogen und kinderfreundlich ist. Dennoch gibt es Hunde, die besonders familienfreundlich sind und mit Kindern extrem gut auskommen. Ein Hund, der extrem robust ist, ist nicht unbedingt der Shitzu. Ein Jagdhund ist ein Hund, der schlecht einschätzen kann, wann es genug ist. Der Golden Retriever ist der beliebteste Hund bei Familien. Er ist aktiv, freut sich über viel Bewegung, liebt es zu spielen. Zudem ist er sehr treu, er ist sehr liebevoll und tut alles, um seinem Besitzer zu gefallen. Er zeigt dies in Form von einer liebenswerten Zutraulichkeit und der Bereitschaft, dass er sich unterordnen kann. Viel Bewegung braucht der Golden Retriever, daher sollte die Familie ein Haus mit Garten haben.

Der Mops

Hat die Familie nicht so viel Platz zur Verfügung, dann ist der Mops vielleicht der perfekte Familienhund. Er braucht weniger Auslauf als große Hunde. Für Familien, welche direkt in der Stadt leben, ist er eine gute Wahl. Beim Mops handelt es sich um einen neugierigen und quirligen Gefährten, der immer liebevoll ist. Der Mops ist anhänglich und liebt es, die Aufmerksamkeit auf sich zu ziehen. Für den Nachwuchs sind es hervorragende Spielgefährten.

Der Bichon Frisé

Der Bichon Frisè ist ein Hund, der sehr kinderfreundlich ist. Er ist klein und wuschelig und ohne Probleme für die Haltung in der Wohnung geeignet. Wie jeder Hund braucht er aber dennoch seine regelmäßigen Spaziergänge. Er lässt sich leicht erziehen und daher ist er gut für Hunde-Anfänger geeignet. Diese Rasse ist lebhaft und fröhlich. Er spielt gerne, liebt auch das Kuscheln und sich von seinem Besitzer verwöhnen zu lassen.

Der Australian Shepherd

Viel Raum und Zeit braucht der Australian Shepherd. Er ist ein perfekter Familienhund. Diese Rasse ist ausdauernd, lebhaft und muss viel Bewegung haben. Eine Wohnung, die recht klein ist, ist daher für den Australian Shepherd nicht geeignet. Passender ist ein Haus mit einem Garten. Der Australian Shepherd ist ein mittelgroßer, intelligenter Hund mit einem sehr ausgeprägten Beschützerinstinkt. Früher wurde er eingesetzt, um Schafe zu hüten. Meistens ist er Kindern gegenüber ausgeglichen. Mit vorsichtiger Zurückhaltung reagiert er auf Irritationen und nicht mit Aggression. Er ist ein cleverer Hund, der lernfreudig und verspielt ist. Er braucht daher immer wieder neue Aufgaben, die er bewältigen kann. Geeignet dazu sind beispielsweise Hundesport und unterschiedliche Arten von Spielen. Aufgrund seines gefleckten Fells und seiner strahlenden Augen sieht er wunderschön aus.

Der Neufundländer

Ein wenig gemütlicher ist die Rasse der Neufundländer. Der Neufundländer ist anhänglich und gutmütig. Seine Art ist besonnen und er wird daher zum idealen Familienhund. Der große und starke Hund ist Kindern gegenüber sehr rücksichtsvoll, gelassen und sanftmütig. Mit anderen Hausbewohnern kommt er sehr gut klar, sogar mit Katzen kommt er gut aus. Fällt die Entscheidung auf einen Neufundländer, sollte klar sein, dass die kleinen, flauschigen Welpen nicht so klein bleiben. Schnell mutiert er zu einem riesigen, majestätischen Hund, der extrem viel Auslauf braucht. In einer

Wohnung kann ein Neufundländer nicht gehalten werden. Er braucht viel Platz und viel Bewegung. Sehr wichtig sind Aktivitäten und lange Spaziergänge. Wasser liebt diese Rasse am meisten. Der sonst so gemütliche Neufundländer wird ganz ungestüm beim Anblick des Wassers und fängt an, sich so richtig auszutoben.

Der Collie

„Lassie" lässt grüßen. Der Collie ist ein sanftmütiger und flexibler Hund. Er passt sich seiner Familie hervorragend an. Kümmert sich die Familie fürsorglich um den Vierbeiner und geht regelmäßig mit ihm seine Gassirunden, kann der Collie auch in einer Wohnung gehalten werden. Der Collie ist ein agiler, freundlicher und extrem kinderlieber Hund.

Der Labrador

Der Labrador ist neben dem Golden Retriever einer der beliebtesten Familienhunde. Er ist ein intelligenter, lieber Hund, der sich gut erziehen lässt. Wie auch andere Hunderassen braucht der Labrador viel Bewegung. Ein Haus mit einem Garten ist daher der beste Ort für ihn, wo er wohnen kann. Es handelt sich um ein anmutiges Tier, das sehr kinderlieb ist. Toben im Garten reicht nicht aus für den Labrador. Wichtig für ihn sind neue Aufgaben, wie beispielsweise der Hundesport, ansonsten wird ihm schnell langweilig.

Der Cavalier King Charles Spaniel

Der Cavalier King Charles Spaniel gehört zu den kleineren Hunderassen. Perfekt für Familien, die nicht den Platz für einen großen Hund haben. Er hat einen treuen Blick, in den sich Kinder ruckzuck verliebt haben. Die niedlichen Schlappohren tragen dazu bei sowie sein liebes Wesen. Er ist ein fröhlicher und liebevoller Hund, der sehr friedlich ist. Der perfekte Spielgefährte für Kinder. Selbst Hunde Anfänger haben mit ihm aufgrund seiner folgsamen Art keine Probleme bei der Erziehung.

Der Berner Sennenhund

Diese Hunderasse braucht extrem viel Platz und viel Zeit. Wichtig sind große Touren zur Bewegung. Ein hervorragender Familienhund. Sein Wesen ist sensibel und sanftmütig und er ist sehr kinderlieb. Viel Zuneigung braucht der Berner Sennenhund, eine enge Bindung zu seiner Familie ist extrem wichtig für ihn. Diese Hunderasse ist sehr intelligent und aktiv. Wichtig ist, ihm darf nicht langweilig werden.

Der Corgi

Eine freche und verspielte Hunderasse. Das lässt sich schon am aufmerksamen Blick erkennen. Er hat eine quirlige Art und ist bei Familien mittlerweile sehr beliebt. Der Corgi ist ein lebhafter und fröhlicher Hund, der sehr verspielt und intelligent ist. Er hat eine charmante Art, die nicht unterschätzt werden sollte. Diese Hunderasse ist extrem selbstbewusst. Hat er eine Möglichkeit gefunden, wird er versuchen, seinen Dickkopf durchzusetzen. Wichtig ist daher eine gute Erziehung. Um gar nicht erst auf dumme Gedanken zu kommen, muss er viel Aufmerksamkeit haben. Er braucht neue Herausforderungen, die ihm gestellt werden und er braucht regelmäßige Spieleinheiten. Trotz seiner kurzen Beinchen braucht er viel Bewegung.

Hunde haben ihre eigene Sprache, was sagt diese aus?

Der Hund kommuniziert mit jedem seiner Körperteile. Er drückt so seine Stimmungen, seine Emotionen und seine Bedürfnisse aus. Der, der von Anfang an die Hundesprache versteht, kann zu seinem Hund eine starke Bindung aufbauen und weiß besser, was der Hund von ihm möchte und was er braucht. Je nachdem welche Laute oder Körperteile der Hund für die Verständigung einsetzt, will er damit etwas Bestimmtes mitteilen. Das Zucken der Mundwinkel, das Wedeln mit der Rute, das Lecken über die Lefzen. Je nach Situation sowie Körperhaltung vom Hund ist die Bedeutung eine andere.

Die Kommunikation mit der Rute

Die Rute ist zur Deutung der Körpersprache hervorragend. Sie ist eine Art Antenne. Sämtliche Emotionen kann der Hund damit ausdrücken. Ein aufgeregtes Schwanzwedeln, verbunden mit dem Wackeln des Hinterteils zeigt die Freude des Hundes. Eine wedelnde Rute steht aber nicht immer für Freude beim Hund. Das Wedeln drückt in erster Linie aus, dass der Hund sich in einem Erregungszustand befindet. Das kann reichen von der freudigen Erwartung, dass der Besitzer wieder heimkommt oder auch das er aggressiv ist. Die jeweilige Situation ist entscheidend. Die gesenkte Rute bedeutet, der Hund ist zufrieden. Wie auch beim Menschen sind manche Hunde vorsichtiger und zurückhaltender als andere. Es besteht kein Grund zur Sorge, wenn der Hund ein wenig zögerlich und langsam wedelt. Die in die Höhe gestreckte Rute zeigt seine Aufmerksamkeit und seine Wachsamkeit, während eine eingezogene Rute Angst und Unsicherheit bedeutet.

Die Ohren

Auch die Ohren drücken einiges aus. Zwei Stellungen sollten besonders beachtet werden. Nach hinten gerichtete Ohren bedeuten der Hund unterwirft sich. Ohren, die kerzengerade aufgerichtet sind, bedeuten Selbstsicherheit und Wachsamkeit.

Die Spielaufforderung

Streckt der Hund sein Hinterteil in die Höhe und hat seinen Oberkörper gesenkt und wedelt währenddessen noch mit dem Schwanz und stupst eventuell seinen Besitzer mit seiner Schnauze oder Pfote an, ist dies eine Spielaufforderung. Auch tänzelnde Bewegungen zeigen, dass der Hund gerne mit seinem Menschen spielen möchte.

Signale der Beschwichtigung

Die Signale der Beschwichtigung gehören zu den Verhaltensmustern, welche in der Evolution des Hundes tief verwurzelt sind. Ein Hund, der gut sozialisiert ist, kann so kommunizieren. Dieses Signal läuft nur über die Körpersprache ab. Der Hund möchte eine Konfliktsituation umgehen oder eine solche abschwächen.

Das Gähnen

Nicht immer ist der Hund müde, wenn er gähnt. Dies ist ein weiteres Beschwichtigungssignal. Er wendet es meistens an in Situationen, die für ihn aufregend sind. Damit beruhigt der Hund sich selbst. Es kann sich beispielsweise zeigen, wenn der Besitzer Gassi gehen möchte, noch die Leine sucht und der Hund es nicht abwarten kann. Dann kann es sein, dass er gähnt, weil er so aufgeregt ist und will sich selber damit beruhigen.

Langsame Bewegungen

Es kann schon mal vorkommen, dass der Besitzer es eilig hat, während er mit dem Hund Gassi geht. Daher sollte auch der Hund, wenn es nach dem Besitzer geht, sich ein wenig beeilen. Doch statt der Hund auch einen höheren Gang einlegt, schaltet er extra einen Gang runter, als wenn er seinen Menschen ärgern wollen würde. Als wenn er zeigen wollte, dass er derjenige ist, der das Tempo angibt. Das er sein Tempo verlangsamt, hat aber nichts mit einem Dominanzspielchen zu tun. Es ist ein Beschwichtigungssignal. Er merkt aufgrund seiner sensiblen Sinne, wenn Frauchen oder Herrchen gestresst sind und möchte mit seinen langsamen Bewegungen seinen Besitzer beruhigen.

Hund wendet sich ab

Bei Menschen ist es unhöflich, sich abzuwenden. Bei Hunden hingegen ist dies ein soziales und zudem ein wichtiges Signal der Beschwichtigung, wenn sich der Hund abwendet von seinem Gegenüber keinen direkten Augenkontakt wünscht und seinem Gegenüber den Rücken zudreht. Beobachten lässt sich dieses Verhalten insbesondere, wenn dem Hund andere Menschen oder andere Hunde zu nahe sind. Der Hund fühlt sich eingeengt in dieser Situation. Er wendet sich ab, weil er so die Situation entschärfen möchte. Es ist wichtig, dass der er immer seinen Freiraum hat.

Splitten

Es kann passieren, wenn der Besitzer einen anderen umarmt, dass der Hund sich noch dazwischen quetscht und die beiden splitten möchte. Für den Hund bedeutet die Umarmung des Menschen, dass diese körperliche Nähe zu einem Konflikt führen könnte. Es hat demnach nichts damit zu tun, dass der Hund eifersüchtig oder dominant ist. Es handelt sich um ein weiteres Beschwichtigungssignal. Der Hund will den Konflikt, den er befürchtet, vermeiden, deswegen geht er dazwischen. Dieses Verhalten wenden die Hunde auch untereinander an.

Pföteln

Nähert sich ein anderer Hund, pfötelt der Hund oft aufgrund der Annäherung. Er hebt seine Pfote, während die Hunde sich zur Begrüßung am Hinterteil beschnüffeln. Es handelt sich dabei um ein typisches Zeichen, dass meistens auftritt in Kombination mit weiteren Beschwichtigungssignalen. Regelmäßig wird auch das Pfote heben gezeigt, wenn sich der Hund ein wenig bedrängt und eingeschränkt fühlt. Dies kann auch beim Geschirr anziehen vorkommen. Der Hund knickt dann seine Hinterläufe ein und verlagert seine Körperhaltung nach hinten.

Züngeln

Leckt der Hund sich sein Maul oder züngelt er, ist dies ein weiteres Beschwichtigungsmerkmal. Doppelt belegt ist das Züngeln in seiner Bedeutung. Natürlich leckt sich der Hund auch über die Schnauze oder die Nase, wenn er gefressen hat. Das Züngeln wird oftmals eingesetzt, wenn der Mensch etwas zu grob mit dem Hund umging oder er beispielsweise zu laut sprach. Das Beschwichtigungssignal kommt bei einem Hund auch zum Einsatz, wenn er sich überfordert fühlt, beispielsweise, wenn der Mensch auf den Hund zu viel Druck ausübt.

Zähne

Zeigt der Hund seine Zähne und sieht aus, als wenn er lächelt, möchte er damit ebenfalls beschwichtigen. Er drückt seine freundliche Stimmung damit aus. Es gibt Hunde, die das menschliche Verhalten imitieren.

Akustische Signale eines Hundes

Nicht nur durch Bellen macht der Hund auf sich aufmerksam. Heulen, Winseln, Knurren und Bellen gehören zur Lautsprache des Hundes. Nicht immer kann diese so einfach gedeutet werden. Dazu kommt noch die Tonlage der Laute abhängig von der Größe sowie dem Temperament, dass der Hund hat. Meistens erfolgt die Lautsprache zusammen mit der Körpersprache. Immer dient die Lautsprache der Kommunikation. Der Mensch muss sich darauf einstellen. Nur so ist ein glückliches Miteinander möglich. Wichtig ist immer, die Laute zusammen mit der Körpersprache, der Mimik und der Gesamtsituation zu betrachten. Geht der Mensch auf die unterschiedlichen Laute des Hundes ein, fällt das Zusammenleben wesentlich leichter.

Jaulen

Die wölfischen Vorfahren des Hundes beherrschen hervorragend eine andere Lautsprache, das Heulen. Zur Kommunikation nutzen die Wölfe das Heulen und um Kontakt aufzunehmen mit ihrer Familie. Das individuelle Geheul signalisiert anderen Wolfsrudeln ihr Revier. Die anderen Mitglieder des Rudels erwidern das Geheul. Bereits im Welpenalter lernen die Jungtiere diesen Heuldialekt von ihrem Rudel. Dadurch wird der Familienkontakt gestärkt. Im Laufe der Zeit entwickelten sich die Vierbeiner weiter. Nur noch selten wird das Heulen eingesetzt oder der Hund ist gar nicht mehr in der Lage dazu. Da es bei den Hunden die Rudelbildung wie bei den Wölfen nicht mehr in der Form gibt, erlernen viele der Welpen gar nicht mehr das Heulen. Außer die nordischen Rassen sowie auch einzelne Jagdhunderassen sind noch für ihren Heullaut bekannt, wenn sie kommunizieren. Meistens heult der Hund, wenn er sich einsam fühlt oder sein Revier demonstrieren möchte. Der Hund antwortet oftmals aber auch nur auf ein Hundeheulen, dass ihm fremd ist oder auf Sirenen, die eine ähnliche Frequenz haben.

Winseln

Beginnt der Hund zu winseln, kann er damit Leid oder seine Unterwerfung ausdrücken. Es kann auch sein, dass er winselt, weil er bettelt, um etwas zu essen zu bekommen, er raus muss er Angst hat oder Schmerzen. Er kann auch winseln einfach, nur, weil sein Spielzeug unter dem Sofa liegt und er nicht mehr an dieses herankommt. Wichtig ist herauszufinden, warum der Hund winselt und ob es sich um eine gesundheitliche Ursache handeln könnte, über die der Hund den Menschen unterrichten möchte. Winselt der Hund häufig ohne das ein Grund dafür zu erkennen ist, sollte der Tierarzt aufgesucht werden.

Bellen

Bellen und Bellen sind zwei Paar Schuhe. Auf die Situation kommt es an, ebenso wie auf die Tonlage, in der der Hund bellt. Bellen kann ein Zeichen für eine Aufforderung, Aggression, Freude, Wachsamkeit oder Sozialbellen sein. Definitiv zählt es zur Kommunikation und drückt die Gefühle des Hundes aus. Abhängig ist die Deutung des Bellens auch von der Erziehung des Hundes. Der passt sich hinsichtlich der Ausdrucksfähigkeit seinem Besitzer an. Jedes Bellen des Hundes ist so individuell geprägt. Allgemein lässt sich aber sagen, dass ein hohes Bellen freundlich und spielerisch gemeint ist. Ein knurrendes Bellen in einer tiefen Tonlage weist meist auf eine Situation hin, die nicht angenehm für den Hund ist oder sich der Hund bedroht fühlt und es als Warnung gemeint ist. Manchmal bellt ein Hund auch so ohne, das es einen Grund dafür gibt. Es kann sein, dass ihm langweilig ist oder er schlecht erzogen wurde. Zum Teil möchte der Hund auch nur etwas mitteilen, das mit ihm etwas nicht in Ordnung ist. Daher sollte beim Hund immer auf sein Verhalten und seinen Gemütszustand geachtet werden. Sollte es Unstimmigkeiten geben, lieber einen Hundetrainer, Hundepsychologen oder den Tierarzt konsultieren.

Das Knurren

Das Knurren gehört beim Hund zu den bekanntesten Lauten. Es dient als Warnung dem Menschen sowie anderen Hunden gegenüber. Es kann ein Zeichen von Angst, Frust, Müdigkeit, Wut oder eine Drohgebärde und ein Zeichen für eine Enttäuschung sein. Egal um welches Zeichen es sich handelt. Immer will der Hund so kommunizieren und darauf hinweisen, Distanz zu ihm zu halten. Eine falsche Reaktion bei einem knurrenden Hund kann schnell zu einem Biss des Hundes führen oder zu einer anderen Situation, die unangenehm ist. Beginnt der Hund schon bei Kleinigkeiten zu knurren, wenn er beispielsweise sein Futter bekommt, sollte ein Hundetrainer zurate gezogen werden.

Hunde senden Duftstoffe an ihre Artgenossen aus, was sagen diese aus?

Es sieht schon lustig aus, wie sich Hunde beschnuppern. Es beginnt seitlich am Kopf und dann geht es zum Hinterteil. Das Beschnuppern ist für den Hund ein wichtiger Teil, der zum komplexen Kommunikationsprozess dazugehört.

Die olfaktorischen Signale

Der Geruchssinn wird auch als olfaktorische Wahrnehmung bezeichnet. Beim Hund ist der Geruchssinn extrem ausgebildet. Über das Riechzentrum speichert er in seinem Gehirn die Gerüche, die er mit seinen Erfahrungen koppelt. Jederzeit kann der Hund diese abrufen, sobald er den Geruch wieder in der Nase hat. Lebensnotwendig ist bereits für den Welpen, dass er die Duftstoffe seiner Mutter richtig wahrnimmt. So findet er die Zitzen der Mutter, denn ein neugeborener Welpe ist noch taub und blind ohne den Geruchssinn könnte er nicht an seine Nahrung, die Muttermilch kommen. Der Hund gehört zu den Nasentieren. Während ein Mensch 5 Millionen Geruchszellen hat, hat der Dackel zum Beispiel 125 Millionen. Der Schäferhund sogar 220 Millionen. Wegen der Unterschiede in der Wahrnehmung des Geruchs der verschiedenen Hunderassen werden manche Hunderassen beispielsweise als Lawinenhunde oder als Sprengstoffhunde eingesetzt.

Das Beschnuppern am After

Sich am After zu beschnuppern über die Duftstoffe ist beim Hund eine von den ersten Kommunikationsebenen, wenn sich zwei Hunde begegnen. Sie laufen erst einmal seitlich aufeinander zu und beschnuppern sich am Kopf. Schnell geht es dann mit der Nase weiter Richtung After. Dort sitzt quasi das zweite „Gesicht" des Hundes. Am

After befinden sich wichtige Drüsen, die Informationen beinhalten. Der andere Hund erfährt, was sein Gegenüber für ein Artgenosse ist, wie alt er ist oder ob es sich um einen Rüden oder eine Hündin handelt. Der Hund bekommt also Informationen zum Geschlecht der Hunderasse und in welcher Stimmung der Hund gerade ist. Es ist somit eine Hilfe für den Hund, schnell herauszufinden, mit wem er es bei seinem Gegenüber zu tun hat. Der Hund sieht anders als der Mensch nur bedingt aus der Ferne, wer ihm entgegenkommt.

Die Reviermarkierung

Eine Sprache spricht der Hund in jedem Halter. Das Markieren seines Reviers. Die Reviermarkierung klärt den Hund darüber auf, welche weiteren Hunde durch sein Revier laufen und wann sie es getan haben. Im Harn und im Kot hat der Hund Duftstoffe. Er platziert diese an Stellen, die gut zu erreichen sind. Perfekt geeignet sind dafür Bäume, Mülleimer oder Laternenpfähle. Immer wieder pinkelt der Hund an den gleichen Stellen in seinem Revier. So frischt er seine Markierung auf. Es handelt sich dabei oftmals nur um wenige Tröpfchen, die dabei abgegeben werden. Doch bei diesen vielen Geruchszellen, die der Hund hat, ist klar, selbst die wenigen Tropfen reichen absolut aus. Deutlich öfter markieren Rüden ihr Revier, als es die Hündinnen tun. Hündinnen markieren nur so viel wie die Rüden, wenn sie kurz vor dem Eisprung stehen. Dann werden Hündinnen auch häufiger markieren und teilen den Rüden mit, dass sie läufig sind.

Weitere Duftstoffe

Der Hund hinterlässt außer durch den Urin oder über die Analdrüsen noch weitere Duftstoffe, indem er mit seinen Pfoten auf dem Boden scharrt. Der Hund hat zwischen den Zehen Schweißdrüsen, welche den Duftstoff mit dem Boden vermischen. Ein anderer Hund kann auch so erfahren, dass ein Artgenosse vorbeigelaufen ist.

Hunde bellen unterschiedlich, welche Bell-Arten gibt es?

Bellen gehört zu der häufigsten Lautäußerung, mit der sich die Hunde verständigen. Die Wölfe, die Vorfahren des Hundes, verständigten sich kaum über das Bellen. Beim Hund nimmt die Verständigung mit den Artgenossen durch Bellen einen großen Teil der Verständigung ein. Bellt der Hund, kommt es bei seinem Kehlkopf zu einem Laut. Der Kehlkopf des Hundes muss dazu eine bestimmte Größe haben und entsprechend ausgeprägt sein. Relativ flach war der Kehlkopf bei den Urhunden, weshalb diese sich kaum in der Form des Bellens untereinander verständigt haben. Das Bellen eines Hundes ist abhängig von der Rasse, der Größe und dem Alter. Einige Gemeinsamkeiten lassen sich dennoch erkennen. Wie oft ein Hund bellt, ist abhängig von seiner Erziehung und der Rasse. Niemals bellt ein Hund ohne Grund. Beim Hund ist das Bellen abhängig von der Umwelt, der Situation und des Partners. Unterschiedliche Arten des Bellens gibt es. Jeder einzelne Belllaut des Hundes hat etwas zu bedeuten. Er möchte damit etwas Bestimmtes ausdrücken und etwas Bestimmtes mitteilen.

Erregungs- bzw. Freudenbellen

Freudenbellen trägt auch den Namen Erregungsbellen oder Erwartungsbellen. Der Hund zeigt damit seine Freude. Er ist aufgeregt, fröhlich und voller Erwartung, dass etwas Tolles passiert. Ein typisches Beispiel ist das Bellen des Hundes, wenn der Besitzer nach Hause kommt. Die Aufregung des Hundes muss er irgendwo herauslassen. Außerdem soll die Welt ja auch wissen, wie gut sich der Hund gerade fühlt. Ein Hund, der sich freut, ist ein schöner Anblick. Er soll seine Freude auch ausdrücken können. Umso größer die Aufregung oder

Freude ist, umso wahrscheinlicher ist es, dass er zu bellen beginnt. Das Freudebellen ist hoch und schrill und er wird es, wenn überhaupt, nur kurz unterbrechen. Es gibt viele Situationen für den Hund, wo er sich freut und positiv aufgeregt ist. Das schrille Bellen geschieht schnell hintereinander. Es kann durch Jaulen unterbrochen werden.

Bellt der Hund nicht übertrieben, sollte das Verhalten vom Besitzer so angenommen werden. Der Hund freut sich, wenn er andere Menschen und andere Hunde trifft. Der Hund bellt oftmals auch wenn er andere Hund hört, die ebenfalls bellen. Jeder Hundehalter kennt dieses Verhalten. Die Bellform ist leicht zu erkennen. Der Hund ist aufgeregt, wodurch sein Körper Adrenalin ausschüttet, was zu einem erhöhten Bewegungsdrang führt. Er läuft hin und her, springt herum, rennt im Kreis und wedelt dabei mit dem Schwanz. Freude und Aufregung gehen meistens einher mit Bewegung.

Warnbellen

Dieses Bellen kommt beim Hund zum Einsatz, wenn er sich bedroht fühlt. Andere Menschen oder Tiere sind oftmals die Ursache für das Warnbellen. Ein Beispiel dafür ist, dass Bellen anderen Menschen oder Hunden gegenüber. Auftreten kann es auch bei Hunden die Beute- oder Futterneid zeigen. Das Warnbellen ist scharf und kurz. Erfolgt darauf keine für den Hund ausreichende Reaktion, ändert sich das Warnbellen von langanhaltendem Knurren zu bellen. Der Hund hat seinen Körper nach vorne gerichtet. Die Bewegung des Hundes geht in die Richtung, aus der die Bedrohung kommt. In der Steigerung springt der Hund nach vorne und schnappt nach der Bedrohung.

Noch heute verhält sich der Hund so, wenngleich es für den Besitzer nicht mehr nötig ist. Klingelt es zum Beispiel an der Haustür, kündigt das einen Besuch an. Für den Hund bedeutet es jedoch, es nähern sich Eindringlinge. Eine Türklingel führt daher bei vielen Hunden zum

Bellen. Er warnt seinen Besitzer vor etwas. Es zeigt sich durch ein scharfes, kurzes Bellen in Kombination mit der Rückversicherung zu seinem Menschen. Der Hund teilt seinem Besitzer mit, dass er etwas gehört hat, das jemand kommt und fragt ihn, was er machen soll.

Verteidigungsbellen

Bellt der Hund fremde Menschen oder Hunde an, handelt es sich um Verteidigungsbellen oder Abwehrbellen, sofern sich diese im Revier des Hundes befinden. Zum eigenen Revier gehören der Garten, das Haus oder die Wohnung, doch auch Gegenden sowie Plätze, wo der Hund sich viel aufhält, wie beispielsweise das Auto oder eine Gassistrecke, die sehr oft gegangen wird, gehören zum eigenen Revier. Begleitet wird das Verteidigungsbellen von einem unterschwelligen Knurren. Der Hund geht etwas nach vorne. Seine Körperhaltung ist extrem angespannt. Eventuell sind seine Nackenhaare aufgerichtet. Aus der Sicht des Hundes muss er jemanden oder etwas verteidigen. Abhängig kann das Verteidigungsbellen von der Hunderasse sein, zum Beispiel die Hütehunde, doch auch das Bellen zur Selbstverteidigung, auch Vertreibungsbellen genannt oder das Bellen aufgrund einer Futteraggression oder zur Verteidigung seiner Ressourcen. Hunde zählen zu den territorialen Tieren. Menschen sind dies ebenfalls. Während die Menschen ihr Territorium mit Zäunen, Schildern oder Handtüchern auf den Poolliegen im Urlaub abstecken, gibt der Hund durch Bellen bekannt, wo sein Revier ist.

Mit dem Verteidigungsbellen möchte er ausdrücken, dass dieses Revier bereits von ihm besetzt ist und der Eindringling bitte weitergehen soll. Oft hat der Hund im Garten die Aufgabe, das Revier zu verteidigen. Ein Hund fühlt sich jedoch nicht zwangsläufig im Garten wohl. Ist der Hund ohne einen Sozialpartner oder seine

Bezugsperson im Garten, kann ihm schnell langweilig werden und er sich einsam fühlen. Nach kurzer Zeit hat er alles bescnüffelt und seine Blase entleert, dann beginnt er sich eine neue Aufgabe zu suchen. Für das Ego des Hundes gibt es nichts anderes, was sein Ego so streichelt wie der Einfluss, den er auf sein Umfeld nehmen kann. Noch besser wird das, wenn er dies ohne ein Risiko ausführen kann. Kommt ein Passant am Grundstück vorbei und läuft am Zaun entlang, zeigt ihm der Hund sehr offensichtlich, dass er von dem Passanten erwartet, dass dieser weiter zu gehen hat, was auch tatsächlich in den meisten Fällen klappt. Dem Hund ist nicht bewusst, dass der Passant, der für ihn ein Eindringling ist, ohnehin am Zaun vorbeigegangen wäre. In seinem Handeln fühlt er sich so bestätigt. Sein Bellverhalten optimiert er immer weiter. Jeder, der von nun an in die Nähe des Zaunes kommt, wird vom Hund angebellt und er simuliert seine Aggressionen.

Angstbellen

Der Hund bellt unabhängig vom Ort, das heißt, auch wenn er sich außerhalb seiner eigenen Umgebung befindet, wenn er sich in einer für ihn ungewöhnlichen Situation befindet oder unbekannte Geräusche wahrnimmt. Meistens zeigt er eine angespannte Körperhaltung. Er hat seine Ohren angelegt. Sein Blick ist von dem, das ihm Angst macht, weg gerichtet. Angstbellen ist quasi wie ein geöffnetes Ventil für den Hund. Sein angestautes negatives Empfinden kann er so entladen. Auf das Tier wirkt es befreiend. Das Bellen eines Hundes, der Angst hat, ist hochtönig. Er zeigt, dass er sich gerne der Situation entziehen möchte. Ein Hund, der Angst hat, ist unruhig und wirkt hektisch. Das Angstbellen ist mit der häufigste Grund, warum der Hund bellt. Unsicherheit und Angst sind die Auslöser. Ob der Hund schnell Angst bekommt und unsicher wird, ist abhängig davon, wie der Hund gehalten wird. Nach Selbstverwirklichung sucht der Hund nicht. Er möchte zum Rudel dazugehören. Der Mensch hat die Aufgabe, dem Hund zu zeigen, wo im Rudel sein Platz ist. Er muss ihn beschützen und ihm eine Aufgabe zuteilen. Wird der Hund nicht beschützt, wird der Hund denken, das Beschützen zähle zu seinen Aufgaben.

Oftmals bellt ein Hund, der Angst hat, extrem ausdauernd. Er lässt sich nur schwer vom Bellen abbringen. Weiß der Hund nicht genau, wo im Rudel sein Platz ist, dann wird er unsicher. So wird eine unsichere Persönlichkeit aus ihm, die oftmals vor allem und vor jedem Angst hat. Dann macht er sich durch das Bellen stark und groß. Das Bellen soll das, was für den Hund bedrohlich erscheint, auf Distanz halten. Das Getümmel auf einem Bürgersteig oder der Stadt kann für den Hund schon mal bedrohlich aussehen. Aus der Hundeperspektive sind die Menschen riesig. Von allen Seiten, so sein Gefühl, wird er bedrängt. Es sausen Kinderwagen vorbei, Rollatoren kommen auf ihn zugefahren, er wird von einem Radfahrer überholt, da kann man sich auch bedroht fühlen. Der Unterschied bei dem Bellen lässt sich gut erkennen. Die Töne sind hoch, hell und eindringlich. Er kann sogar jaulen. Auf diese Art von Bellen gilt es zu reagieren. Beinahe hysterisch klingt dieses Bellen. Oftmals wird es kombiniert mit Jaulen, Schreien und einer eingeklemmten Rute. Ein Hund kann auch aus Angst ein Fahrrad anbellen, dass einfach nur irgendwo herumsteht oder auf dem eine Person sitzt.

Frustrationsbellen

Befindet der Hund sich in einer für ihn ausweglosen Situation, kann er anfangen zu bellen. Das sind die Momente, in denen er etwas möchte und dies nicht bekommt und er keine Lösung finden kann, was ihn überfordert. Auch die Situationen, bei denen der Hund sich unterfordert oder gelangweilt fühlt, gehören dazu. Ein Beispiel dafür ist ein Hund, der unausgelastet alleine gelassen wird. Das Bellen dient beide Male zur Entladung. Im Falle der Überforderung ist es ein

Ausdruck der Verzweiflung und ein Hilfeschrei. Ist der Hund unterfordert, möchte er aus seiner Situation flüchten. Er konzentriert sich ganz auf sein Bellen. Dieses Bellen ist immer gleich bleibend und die Bellfrequenzen wiederholen sich. Das ein Hund sich langweilt, kommt vor. Wird er zum Beispiel zu wenig gefordert, hat zu wenig Bewegung oder darf nicht genug lernen. Darauf reagiert mancher Hund mit Bellen. Oftmals hält das Bellen lange an. Strafen helfen da nicht.

Es ist wichtig, sich mit dem Hund nach Hundeart zu beschäftigen. Er muss erzogen werden, er muss laufen und er muss rennen. Nur Futter hinzustellen und dreimal täglich vor die Tür zu gehen, reicht ihm nicht. Er braucht die geistige Förderung und Forderung, nur so kann sein Leben ausgefüllt sein. Ist der Hund gefordert, darf lernen, wird genügend beschäftigt, wird er nicht bellen, weil er Langeweile hat. Das Bellen aus Langeweile wird oft als grundloses Bellen gedeutet. Der Hund habe eine Verhaltensstörung, aber so ist dem nicht. Das Frustbellen ist einseitig und monoton. Viele der Hunde zeigen bei diesem Bellen ein stereotypisches Verhalten. Sie beißen sich in ihre Rute und kauen öfters an ihren Pfoten ohne, dass es dafür einen körperlichen Grund gibt. Manchmal jagt der Hund auch seinen Schatten oder dreht sich im Kreis. Das alles soll dem Menschen zeigen, dass der Hund mit der aktuellen Situation nicht klarkommt und er körperlich und auch geistig gefordert werden möchte.

Erlerntes Bellen

Wie andere Lebewesen auch, lernt der Hund durch Erfolg. Was der Hund sofort bemerkt ist, wie er den Menschen dazu bekommt, das zu kriegen, was ihm gefällt. Er mag beispielsweise ein Leckerli zu erhalten, vom Tisch ein Häppchen zu bekommen, Gassi zu gehen, herumzutoben, mit seinem Menschen oder liebevoll gestreichelt zu werden. Wichtig ist dem Hund die volle Aufmerksamkeit seines

Besitzers. Er probiert aus, wie er seinen Menschen dazu bekommt, ihm das zu geben, was er möchte. Dazu gehört auch das Bellen und ob er daraufhin von seinem Menschen die Aufmerksamkeit bekommt, die er sich wünscht. Bekommt er durch das Bellen, was er will, wird er beim nächsten Mal wieder anfangen zu bellen. Schnell kann es passieren, einen bellenden Hund abzulenken, indem ein Ball geworfen wird. Mag der Hund es, wenn sein Mensch Bälle wirft, bellt er demnach wieder. So erzieht sich der Hund seinen Menschen, ohne das dem Menschen das bewusst ist. Der Hund macht aus dieser zufälligen Ablenkung eine Forderung. Der Mensch kann sich dieser nur schwer entziehen.

Kommt der Hund mit dem aktuellen Bellen nicht weiter, erhöht er den Ton. Gerne wird der Hund dann auch lauter und schneller bellen. Oft ist dieses Bellen verbunden mit Anspringen, Fiepen, Pfote auflegen oder einem Spielzeug, dass dem Menschen vor die Füße geschmissen wird. Wird der Mensch dann laut, bedeutet das in den Ohren des Hundes, dass er mitbellen soll. Schon hat er seine Aufmerksamkeit und bellt gemeinsam mit seinem Menschen. Der Hund braucht viel Zuneigung und Aufmerksamkeit. Hat er das Gefühl, er bekommt zu wenig davon, zeigt er das deutlich. Auch er möchte, wie die Menschen jeden Tag aufs Neue erfahren, dass er geliebt wird. Der Hund darf nicht zu kurz kommen.

Haben Hunde eigentlich auch Gefühle?

Die Frage, ob Hunde eigentlich auch Gefühle haben, lässt sich mit einem klaren „Ja" beantworten. Hunde haben Gefühle. Das Gefühlsleben der Hunde ist extrem hoch entwickelt. Jeden Tag erleben die Besitzer Gefühlsausbrüche ihrer Liebsten aufs Neue. Der Hund zeigt dem Menschen ganz deutlich seine Gefühle. Verschiedene Zugänge zur Gefühlswelt des Menschen sind ähnlich wie bei Hunden, fanden Wissenschaftler heraus. Beim Hund funktionieren diese ebenso wie beim Menschen. Das Gehirn des Hundes ist dem des Menschen sehr ähnlich, wenn der Besitzer seinen Hund erblickt, werden in dem Moment die gleichen Gehirnregionen aktiv, wie wenn der Mensch das eigene Kind erblickt. Bei dem Hund ist es ebenso, dass aber schon, wenn er seinen Menschen nur riecht. Gefühle sind für den Hund überlebenswichtig. Die Angst ist ein altes Grundgefühl. Sie sicherte dem Hund bzw. dem Wolf früher sein überleben. Das Gefühl von Freude lässt sich beim Hund sehr gut erkennen. Sie ist ganz offensichtlich. Der Hund ist dem Menschen extrem, auch auf emotionaler Ebene ähnlich. Hunde spüren Angst, Schmerz, Wut, Liebe, Hass, Freude, Neid, Eifersucht sowie weitere Gefühle und Mischungen von Gefühlen.

Zwischen dem Menschen und dem Hund lassen sich Gefühle jedoch nicht eins zu eins übertragen. Der Mensch unterscheidet sich durch das bewusste Denken vom Hund. Emotionen treten beim Hund spontaner auf. Der Hund dafür bekannt, dass sich dieser unmittelbarer ausdrückt. Er fällt schneller von der einen Emotion in die andere. Der Hund denkt nicht für Stunden oder Monate über Erlebnisse, Situationen und Gefühle nach, nein, beim Hund sind sie spontan und zeitbeschränkt. Dennoch können beim Hund starke Emotionen lange anhalten oder sich dauerhaft festsetzen. Nicht immer vergisst der

Hund eine Beißerei mit einem anderen Hund. Oftmals bleibt ihm diese auf Dauer in Erinnerung und damit auch die Emotionen, die er dabei hatte. Hunde haben ebenfalls verschiedene Stimmungen, wenn er für Stunden nach einem Streit auf 180 ist, zeigt er dies in Form von schlechter Laune und ein Artgenosse, der freundlich ist, wird Streit suchend angekläfft. Der Hund muss seine Wut herauslassen, auch wenn das Ziel eigentlich nicht betroffen ist. Beflügelnd hingegen wirken positive Erlebnisse.

Hunde gehen Konflikten aus dem Weg

Der Hund zeigt genau, wie er gerade drauf ist, wenn er sich in einem Konflikt befindet, bieten sich ihm 4 Möglichkeiten, diesen zu lösen. Welche Konfliktstrategie der Hund anwendet, hängt ab von seinem Charakter, der Situation, in der er sich befindet, seinen gemachten Erfahrungen und was der Auslöser für den Konflikt war, ab. Der Hund ist täglich kleinen oder größeren Konflikten ausgesetzt, ob es beim Gassi gehen ist, wenn er anderen Hunden begegnet oder wenn er zum Tierarzt muss. Wichtig ist, dass der Führer des Hundes den Konflikt erkennt und dementsprechend handelt. Der Besitzer sollte schnell erkennen, wenn sich sein Hund in einem Konflikt befindet, den er nicht selbst bewältigen kann oder dieser außer Kontrolle geraten könnte.

Freeze (Erstarren)

Fühlt sich der Hund bedroht, kann es sein, dass er erstarrt. Sein ganzer Körper ist steif. Er könnte sich denken: „Nicht bewegen und hoffen, dass die Situation schnell vorbeigeht". Der Hund bleibt entweder so lange erstarrt stehen, bis die Situation sich aufgelöst hat oder er ändert sein Verhalten schnell und nimmt eine andere Haltung ein. Ein „Freezer" wirkt nach außen hin brav und ruhig, hat aber eigentlich Angst und ist extrem gestresst, ohne das er Hilfe bekommt.

Flirt/Fiddling

Das Verhalten des Hundes ist unterwürfig während der Annäherung. Er fordert zum Spiel auf und zeigt, egal für welches Verhalten, Verständnis. Er zeigt dies durch extremes Hüpfen oder durch überdrehtes Benehmen. Er flitzt durch die Gegend oder spielt den Clown. Damit sagt er: „Schau mal, ich bin ganz freundlich. Ich möchte nur mit dir spielen. Werde bitte nicht böse. Schau mal, wie witzig ich bin." Es kann aber auch sein, dass der Hund nicht wirklich spielen möchte, sondern nur seinen Stress auf diese Art und Weise loswerden möchte.

Flight/Flucht

Eine weitere Lösung für den Hund ist, aus der vorhandenen Situation zu flüchten. Er möchte dieser entgehen. Es kann sein, dass er einfach wegläuft, das Zimmer wechselt oder sich in einer Ecke verkriecht, je nach Situation. In jedem Fall möchte er nicht belästigt werden und am liebsten unsichtbar sein. Nicht nur kleine Hunde, sondern auch große Hunderassen verfallen oftmals in eine solche Haltung.

Kampf

Weiß der Hund gar nicht mehr weiter und fühlt sich machtlos, geht er in den Kampfmodus über. Er wird dann aggressiv und wird sich verteidigen. Er beginnt mit dem Drohen, das steigert sich eventuell in Beißen oder Schnappen, wenn er für sich keinen anderen Ausweg mehr sieht. Schnell gilt der Fighter als dominant. In Wahrheit hat er ebenso viel Angst wie der flüchtende Hund. Dieser erzeugt jedoch mit seinem Verhalten im Gegensatz zum Fighter oftmals Mitleid.

Verständigungsprobleme mit überzüchteten Rassen

Im Allgemeinen kommuniziert der Hund deutlich und klar. Aufgrund der „modernen" Rassezucht kommt es durch sie zu Verständigungsproblemen. Man denke bei der „modernen" Rassehundezucht an den Chihuahua, der nur ein Kilo wiegt, oder den Mastiff, der 90 Kilo wiegt. Hunde mit glatten und langen Haaren, schmale Hunde, runde Hunde, Hunde mit Stehohren und Hunde mit Hängeohren. Der Sprachkurs ist dabei für die Hunde aber nicht im Paket inbegriffen. Der Mops beispielsweise ist ein Hund, der nicht klar gelesen werden kann. Hunde, die fein miteinander kommunizieren, können seinen Gesichtsausdruck als Drohung interpretieren. Das liegt an der immer weiter fortschreitenden Züchtung der Rasse, die mit dem Ursprung der Rasse nichts mehr zu tun hat. Es gibt Hunderassen, die nur noch eine Stummelrute oder gar keine Rute mehr haben. Diese Hunde sind stark eingeschränkt in ihrer Kommunikation mit den Artgenossen. Die Rute ist mit einer der wichtigsten Faktoren der Hunde, um richtig kommunizieren zu können. Der Rhodesian oder der Thai Ridgeback haben einen Gendefekt, der ihnen angezüchtet wurde, die Ridge am Rücken. Er kann für andere Hunde irritierend wirken und als eine aufgestellte Bürste der Rückenpartie gedeutet werden. Diese ist ein Zeihen für Aggressivität und/oder einer unsicheren Erregung. Der bei den Windhunden anatomisch geformte normale Rundrücken kann ebenfalls missverstanden werden. Ein Rücken, der abgerundet ist, bedeutet in der Hundesprache Angst.

Hundeverhalten erfolgreich beeinflussen

Ein paar einfache Kommandos und Grundregeln sollte jeder Hund beherrschen und auch jeder kann diese lernen. Aus der Mischung von Konsequenz und stetiger Wiederholung besteht das Geheimrezept. Nimmt der Hund seinen Besitzer ernst, erst dann kann er ihn auch als seinen Besitzer akzeptieren. Es gilt den Hund seiner Art und seinen Verhaltensweisen entsprechend zu erziehen. Zudem braucht der Besitzer Geduld, denn nicht immer klappt die Erziehung sofort. Der Spaß und die Belohnung dürfen beim Training mit dem Hund nicht vergessen werden. Die Regel Nummer eins ist der Besitzer ist der Rudelführer. Der Hund muss auf seinen Besitzer hören. Das Verhalten des Hundes lässt sich direkt beeinflussen. Eine Belohnung bei richtigem Verhalten prägt sich bei dem Vierbeiner ein und natürlich versucht dieser immer wieder alles richtig zu machen. Den Hund zu schlagen oder anzuschreien bringt gar nichts, im Gegenteil, dieser könnte langfristig gesehen aggressiv reagieren.

Umgang mit der Körpersprache im Rudel

Ein ausdifferenziertes System, um sich in einem Rudel zu verständigen, ist nötig, damit das Zusammenleben im Rudel funktioniert. Die Mensch-Hund- Kombination ist ebenfalls ein Rudel. Im Laufe der Zeit entwickelte der Hund unterschiedliche Verhaltensweisen und Gesten, welche sich auf den Menschen übertrugen. Der Mensch kann sie mit ein wenig Übung erlernen. In erster Linie dient im Rudel die Körpersprache dazu die Rangordnung zu klären. Ein selbstbewusster und gestreckter Kopf sowie gespitzte Ohren und eine aufgestellte Rute signalisieren Dominanz und Stärke. Ist der Kopf gesenkt, zeigt der Hund damit, dass er sich unterwirft. Die Ohren sind dabei angelegt und die Rute hat er zwischen seinen Hinterbeinen eingeklemmt. Ein Hund, der sich einem anderen gegenüber unterlegen fühlt, scheut sich vor dem Blickkontakt mit anderen Hunden. Ein direkter Blickkontakt gilt unter Hunden als Aggression.

Kommt es zu Streitigkeiten oder Auseinandersetzungen im Rudel, werden diese mit einem Kampf nur selten geregelt. Es werden Drohgebärden ausgetauscht, bedrohlich geknurrt, die Zähne gefletscht und das Nackenfell aufgestellt. Der Hund, der die meiste Überzeugungskraft dabei an den Tag legt, ist der Sieger in der Auseinandersetzung. Der Hund, der weiteren Widerstand vermeiden möchte, legt sich, um sich zu unterwerfen, auf den Rücken. Dem Sieger wird die verwundbarste Stelle, der Bauch gezeigt. Bellen wird von Hunden meistens eingesetzt im Rudel, um die Rudelmitglieder zu warnen, beispielsweise, wenn Fremde das Revier betreten wollen oder es gibt andere potenzielle Gefahren. Das Revier wird vom ganzen Rudel gemeinsam verteidigt, doch um es verteidigen zu können, müssen Grenzen vorab abgesteckt werden. Der Hund nutzt für die

Abgrenzung seinen Geruchssinn, der sehr fein ist. Rüden hinterlassen an der Reviergrenze normalerweise ihre Urinspuren (Duftmarken). Diese werden regelmäßig aufgefrischt. Die anderen Hunde erhalten über die Duftstoffe des Urins wichtige Informationen zum Geschlecht sowie der Position des Hundes.

Wann ist ein Sachkundenachweis erforderlich?

Gefordert wird der Sachkundenachweis in der Regel, wenn sogenannte Listenhunde gehalten werden. Der Sachkundenachweis soll die Sicherheit dafür sein, dass der Besitzer des Hundes über die Bedürfnisse des Hundes und sein Verhalten bestens informiert ist. Er gilt als verantwortungsvoller Besitzer, der in der Lage ist, Sorge dafür zu tragen, dass sein Hund keine Schäden verursacht. Sachkundenachweis ist ein Ausdruck aus der Behördensprache. Dem Sachkundenachweis geht ein Test voraus, den der Besitzer mit seinem Hund machen und bestehen muss. Getestet werden die Bereiche Pflanzschutz, Hundehaltung, Arzneimittel. Der Test besteht entweder nur aus dem Theorieteil oder einem Theorieteil und einem Praxisteil. Jedes Land hat diesbezüglich eigene Regelungen. Eine allgemeingültige Aussage kann deshalb nicht getroffen werden, wie genau der Test konzipiert ist. Der Sachkundenachweis gilt ein Leben lang, wenn er einmal bestanden wurde. Des Weiteren ist darauf zu achten, dass beide Testverfahren durchgeführt werden müssen, wenn es sich um einen Listenhund handelt. Bei einem anderen Hund, beispielsweise einem Husky, ist der Praxisteil nicht erforderlich, der Theorieteil ist hier absolut ausreichend. Ein Hund, der eine solche Prüfung bestehen muss, der kann auch erst mit dem Nachweis bei der Stadt angemeldet werden.

In vielen Punkten stimmt der Sachkundenachweis mit dem Hundeführerschein überein. Die Prüfungen dürfen aber auf keinen Fall gleichgesetzt werden. Den Sachkundenachweis fordern die Behörden und ist je nach Bundesland und je nach Hunderasse verpflichtend für den Besitzer. Der Hundeführerschein kommt aus dem Hundesport. Die Prüfungen, die damit verbunden sind, sind aber oft viel umfangreicher als es die Übungen beim Sachkundenachweis sind.

Deshalb erkennen manche Bundesländer den Hundeführerschein auch als Sachkundenachweis an. Ob der Besitzer einen Sachkundenachweis erbringen muss, ist abhängig von dem Bundesland, indem der Hundehalter wohnt und ob es sich bei dem Hund um einen Listenhund handelt. Besteht der Hundehalter die Prüfung nicht beim ersten Mal, kann die Prüfung wiederholt werden. Für die Theorie gilt dies ebenso wie für die Praxis. Allerdings muss eine zweite Prüfung auch wieder wie die Erste bezahlt werden. Je nachdem, wer den Sachkundenachweis aushändigt betragen die Kosten zwischen 40 Euro und 130 Euro. Es können zusätzliche Kosten entstehen, wenn der Besitzer, um die Prüfung zu bestehen, theoretischen und/oder praktischen Unterricht erhalten möchte, damit er diese besteht.

Wie sieht die Prüfung eines Sachkundenachweises aus?

Der Hundehalter muss beim Sachkundenachweis sein Wissen zum Thema Hund zeigen, dazu muss er eine theoretische Prüfung ablegen. Es erwartet den Besitzer ein Multiple-Choice-Test mit circa 35 Fragen aus den Themenbereichen Erziehung und Ausbildung, Sprache und Sozialverhalten, Fortpflanzung, Haltung und Pflege, Recht, Gesundheit und Ernährung, Angstverhalten und Aggressionsverhalten. Es kann sein, dass zum theoretischen Teil auch ein praktischer Teil gehört. Der Prüfer achtet dabei beispielsweise darauf, ob der Hund auf seinen Besitzer hört und wie er sich in Alltagssituationen verhält. Nicht nur der Hund wird unter die Lupe genommen, auch der Hundehalter, wie dieser mit seinem Hund umgeht. Abgenommen wird der Sachkundenachweis normalerweise von der dafür zuständigen Landestierärztekammer. Meistens ist ein ortsansässiger Tierarzt der Prüfer oder das Veterinäramt. Es gibt auch zertifizierte Hundetrainer und Prüfer, bei denen der Sachkundenachweis erbracht werden kann. Die Prüfung wird in der Regel im Wohnort des Hundebesitzers abgelegt oder in der nächsten Großstadt. Hundebesitzer, die eine solche praktische Prüfung ablegen müssen, brauchen jedoch keine Angst vor dieser zu haben. In der Regel verstehen sich Hund und Besitzer blind. Es wird zudem von unterschiedlichen Hundeschulen angeboten, den Hundebesitzer und seinen Hund vor der Abgabe einer solchen Prüfung ausgiebig zu schulen. Eine sehr gute Möglichkeit, gerade dann, wenn man als Besitzer gar nicht weiß, was auf einen zukommt. Die Vorbereitung ist nicht kostenlos und von Hundeschule zu Hundeschule anders geregelt.

Tipps und Tricks, wie man einen Hund richtig erzieht

Die Hundeerziehung ist keinesfalls so einfach, wie sich der ein oder andere vorstellt. Es ist besonders wichtig, dass man seinem Vierbeiner konsequent gegenüber ist, denn nur so kann langfristig ein gutes Miteinander entstehen. Schnell weiß ein jeder Hund, wie man das Herrchen oder Frauchen um den Finger wickeln kann und etwas, das einmal geklappt hat, wird wieder klappen. Ein Hund versteht die gesagten Wörter nicht direkt, aber den Tonfall. Sagt man beispielsweise zu seinem Vierbeiner mit liebevoller und sanfter Stimme, dass er sich hinsetzen möge, dann wird dies nicht passieren. Er wird wahrscheinlich anfangen, mit dem Schwanz zu wedeln und vielleicht noch an den Beinen hochspringen. Ebenso sieht es andersherum aus, denn wenn Sie mit scharfem Unterton sagen, dass Sie ein Leckerli für den Hund haben, so wird er dieses nicht annehmen, denn er glaubt, dass es sich um ein Verbot handelt. Die Körpersprache und die Ausdrucksweise spielen bei der Erziehung eines Hundes eine sehr große Rolle.

Sie sollten Ihrem Hund kurz und knappe Anweisungen geben und muss er bestraft oder gelobt werden, so machen Sie dies umgehend. Eine Bestrafung oder eine Belohnung, die erst nach Minuten stattfindet, versteht der Hund nicht, denn er weiß gar nicht mehr, wofür dies jetzt gewesen ist. Zudem ist die Rasse ein wichtiger Faktor bei der Erziehung eines Hundes. Einige Rassen lassen sich sehr gut und einfach erziehen und sind besonders gut für Hundeanfänger geeignet, andere Rassen benötigen extrem viel Disziplin und einen Besitzer, der gut durchgreift. Dies heißt jedoch nicht, dass ein solches Tier geschlagen werden sollte, nein, auf keinen Fall, sondern Sie müssen konsequent bleiben. Führen Sie Übungen regelmäßig und immer wieder aus, bis Ihr Vierbeiner diese verinnerlicht hat. Belohnen Sie ihn, wenn er es gut gemacht hat, aber bestrafen Sie ihn nicht, wenn es mal nicht funktioniert. In letztem Fall ignorieren Sie Ihren Hund einfach, geben Sie kein Leckerchen. Er wird schnell merken, wann er etwas bekommt und wann nicht.

Hunde, die in die Wohnung machen, gerade Welpen sind ganz normal, aber man sollte hier mit der Erziehung beginnen. Bringen Sie Ihren süßen Vierbeiner immer wieder nach draußen. Welpen können nicht lange einhalten, maximal drei Stunden. Es ist ratsam, zu Anfang jede Stunde für mindestens 15 Minuten vor die Türe zu gehen, auch wenn der Hund nicht macht. Sie können diese Zeit nach und nach etwas verlängern. Macht ein ausgewachsener Hund in die Wohnung, so sollten Sie dies unbedingt beobachten. Es kann sein, dass er zu lange aushalten musste oder das er ständig in Stresssituationen kommt. Ebenso ist es möglich, dass der Hund erkrankt ist, eventuell an einer Blasenentzündung. In einem solchen Fall sollte man den Tierarzt unbedingt aufsuchen. Es handelt sich hierbei um kein normales Verhalten, was abgeklärt werden sollte.

FAQs, alles Wichtige auf einen Blick

Warum macht sich ein Hund größer?

In den meisten Fällen möchte ein Hund mit dieser Körperhaltung zeigen, wer der Herr im Haus ist. Er möchte klar machen, das er bereit ist, sich jeder Herausforderung zu stellen und wenn es sein muss, würde er sein Gegenüber auch attackieren. Es kann jedoch auch sein, dass sich der Hund lediglich streckt. Hier sollte man einen Blick auf die gesamte Körperhaltung werfen.

Können Hunde kommunizieren?

Hunde können auf unterschiedlicher Art und Weise miteinander kommunizieren. Die Körpersprache ist hier ein ganz wichtiger Teil bei der Kommunikation. Hunde bellen nicht nur, sondern sie nehmen eine ganz klare Körperhaltung ein und nicht zu vergessen, sie setzen auch Zeichen mit ihrem eigenen Duftstoff, den nur andere Hunde verstehen können.

Warum zieht ein Hund an der Leine?

Das an der Leine ziehen kann die unterschiedlichsten Gründe haben. Der Hund hat einen ganz bestimmten Geruch gewittert und ist neugierig geworden, er ist aufgeregt, weil er mit seinem Herrchen draußen ist oder er hat den Eindruck vermittelt bekommen, dass es das Herrchen eilig hat. Hunde, die an der Leine ziehen, können sehr anstrengend sein, daher ist eine kurze Leine empfehlenswert, um dem Hund dieses Verhalten abzugewöhnen.

Warum bellt der Hund das Herrchen an?

Sitzt der Hund vor seinem Herrchen und fängt an zu bellen, so möchte er in den meisten Fällen etwas mitteilen. Dies kann von Freude über die Mitteilung sein, dass er gassigehen möchte. Es ist wichtig, darauf zu achten, wie der Hund sein Herrchen anbellt. Steht er und schnellt die Schnauze des Hundes beim Bellen nach vorne, dann ist Vorsicht geboten, sitzt er und bellt dabei, geht vielleicht immer runter in die Liegeposition, dann ist er freundlich gestimmt. Man sollte dem Hund dennoch volle Aufmerksamkeit schenken, denn er möchte etwas mitteilen.

Wieso bellt ein Hund, wenn es klingelt?

Klingelt es, dann weiß der Hund, dass jemand an der Türe ist, der in sein Revier eindringen möchte. Er möchte sein Herrchen warnen und wartet auf die Reaktion dessen. Man sollte in einem solchen Fall dem Hund vermitteln, dass es ganz normal ist, dass es an der Türe klingeln kann und das Besuch kommt und man sich darüber freut.

Wieso mögen manche Hunde Artgenossen nicht?

Sicherlich trifft hier der Spruch „Ich kann dich nicht riechen" zu. Hunde setzen Duftstoffe ab und mag ein anderer Hund diesen Geruch nicht, so wird er dies seinem Gegenüber klar machen. Er wendet sich entweder ab oder manchmal greift ein Hund auch an.

Hat ein Hund einen Charakter?

Jeder Hund hat einen ganz eigenen Charakter, den man als Besitzer kennen sollte. Es gibt Hunde, die besonders viel Liebe benötigen und freundlich gesinnt sind, es gibt aber auch Rassen, die eher einen dominanten Charakter haben und ein erfahrenes Herrchen benötigen, damit das Zusammenleben funktionieren kann.

Müssen Welpen eine Hundeschule besuchen?

Eine Hundeschule ist nicht zwangsläufig erforderlich, jedoch kann eine solche vieles im Umgang mit dem Hund erleichtern. Wer sich einen Welpen anschaffen möchte, der sollte nicht nur auf das süße Aussehen achten, sondern dem sollte klar sein, ein solcher Hund benötigt sehr viel Aufmerksamkeit und eine gute Erziehung. Vergleichbar ist ein Welpe mit einem Baby.

Wie zeigt ein Hund, dass er in der Rangordnung am höchsten steht?

Ein Hund macht sich groß, er fletscht vielleicht sogar seine Zähne und ist sehr dominant, besonders was eine Artgenossen angeht. Es soll schließlich jeder wissen, dass er in der Rangordnung weiter oben steht und sich nichts gefallen lässt.

Wie erkennt man das Kontrollverhalten eines Hundes?

Ein Hund, der über einen Kontrollzwang verfügt, der möchte sein Herrchen beschützen und lässt nur selten Nebenbuhler zu. Hierbei kann es sich um andere Artgenossen ebenso wie um Menschen handeln. Er bellt oft und viel, um seinem Umfeld mitzuteilen bis hier hin und nicht weiter. Er rennt seinem Herrchen oder Frauchen stets hinterher und möchte rein gar nichts verpassen. Ein solcher Hund bleibt zudem auch nicht gerne alleine.

Sollte man seinen Hund kastrieren bzw. sterilisieren lassen?

Es heißt, dass ein Hund, der kastriert oder sterilisiert wird in seinem Verhalten wesentlich ruhiger werden soll, was bei einigen Hunderassen sicherlich ein Vorteil ist. Wer eine Hundedame in sein Zuhause einziehen lassen möchte, dem sollte bewusst sein, dass diese, genau wie es bei Frauen der Fall ist, ihre Periode bekommt. Bei einer Sterilisation bleibt diese jedoch aus. Hundedamen bekommen jedoch in der Regel nur zweimal im Jahr ihre Periode und man kann spezielle Hundewindeln kaufen.

Der Hund als bester Freund des Menschen

Hat ein Hund eine gute Erziehung genossen, so wird er in den meisten Fällen zum besten Freund des Menschen. Er hat eine ganz bestimmte Bezugsperson in der Familie, die sich der Hund meistens selbst aussucht. Er weiß, wo er hingehört und ist ein treuer Begleiter. Freunde fürs Leben, die durch dick und dünn gehen. Der Hund hört auf sein Frauchen oder Herrchen und fühlt sich rundum wohl. In einem solchen Fall reicht bereits ein einfacher Blickkontakt aus und beide wissen, was der andere möchte. Ein solches Zusammenspiel zwischen Mensch und Tier kann jedoch nur vonstatten gehen, wenn sich beide Hund und Mensch aufeinander einlassen und der Hund eine gute Erziehung genossen hat. Gerade aus diesem Grund möchten viele Menschen einen Hund bereits im Welpenalter einziehen lassen, da sie ein solches Tier noch nach ihren Vorstellungen formen können.

Ältere Hunde, die in eine Familie neu integriert werden müssen, sind oftmals bereits erzogen und haben ihren eigenen Kopf, ihr eigenes Sozialverhalten und ihre eigenen Vorstellungen, wie ein Familienleben auszusehen hat. Hier ist es nicht ganz so einfach, einen Hund neu anders zu erziehen. Jedoch können auch ältere Hunde zu einem treuen Begleiter werden, doch in vielen Fällen ist ein ausgiebiges Training erforderlich und man muss sich sehr viel Zeit für ein solches Tier nehmen. Gerade wenn der Hund aus einem Tierheim in eine neue Familie kommt und schon etwas älter ist, wird geraten, dass es sich bei dem neuen Besitzer um eine Person handelt, die bereits Erfahrung mit Hunden gesammelt hat. Eine Hundeschule ist in einem solchen Fall ebenfalls empfehlenswert, damit Hund und Mensch zu einem eingespielten Team zusammenwachsen.

Danke

Vielen Dank, dass Sie sich die Zeit genommen haben, meinen Ratgeber zu lesen. Ich hoffe sehr, dass Sie Neues erfahren haben und viele Ihrer Fragen beantwortet werden konnten. Eventuell konnte ich Ihnen hilfreiche Tipps geben, wie Sie Ihre Fellnase besser verstehen lernen und wie Sie in der Erziehung noch nachhelfen können, damit auch Sie und Ihr geliebter Vierbeiner harmonisch zusammenleben können.

Ich weiß nicht, wie ich ohne meinen Hund auskommen würde. Ich weiß gar nicht, wie ich vorher ohne ihn auskommen konnte. Selbst nach einem anstrengenden Tag werde ich voller Freude und liebe begrüßt. Auch wenn es mir einmal nicht gut geht, kann ich mich auf ihn verlassen. Denn er liebt mich sowie ich bin.
Man sagt nicht umsonst, dass der Hund der beste Freund des Menschen ist. Egal ob sie ein neues Familienmitglied werden oder einem hilfsbedürftigen Menschen mehr Lebensqualität ermöglichen, sie sind einfach die perfekten Begleiter.
Das möchte ich niemals mehr missen. Ich wünsche Ihnen eine schöne Zeit mit Ihren treuen Begleiter.

Rechtliches

Jahr der Veröffentlichung: 2021

1.Auflage

Impressum

Die Autorin Fabienne Fuchs ist vertreten durch:

Steven Schöneberger

Sickingenstraße 5a

55278 Köngernheim

Covervorgestaltung: fiverr.com/germancreative

Coverfoto: despositphotos.com

E-Mail: Schoenebergersteven@web.de

Printed in Poland
by Amazon Fulfillment
Poland Sp. z o.o., Wrocław